今すぐ使える

かんたん

ぜったいデキます！

インスタグラム超入門

技術評論社

本書の使い方

- 操作を大きな画面でやさしく解説！
- 便利な操作を「ポイント！」で補足！
- 章末のQ＆Aでもっと使いこなせる！

解説されている内容がすぐにわかる！

どのような操作ができるようになるかすぐにわかる！

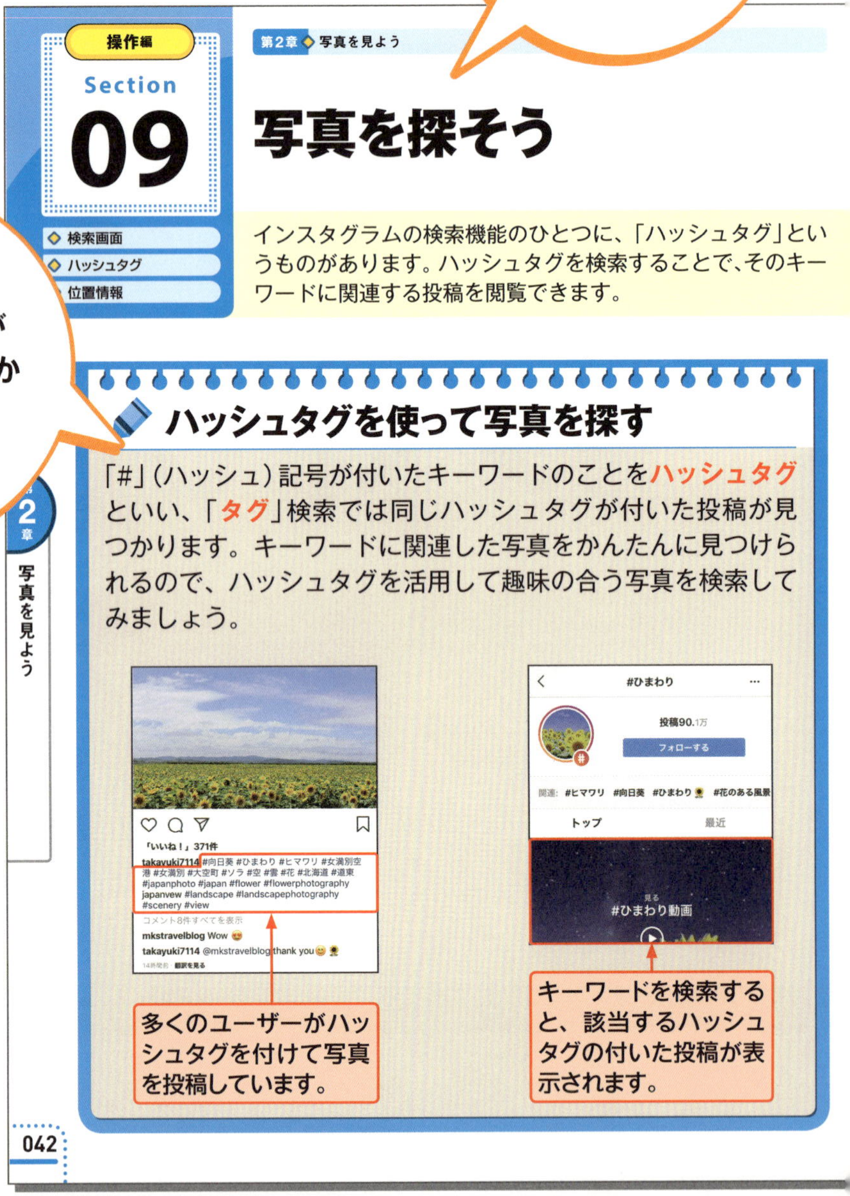

第2章◇写真を見よう

操作編

Section 09

写真を探そう

◇検索画面
◇ハッシュタグ
◇位置情報

インスタグラムの検索機能のひとつに、「ハッシュタグ」というものがあります。ハッシュタグを検索することで、そのキーワードに関連する投稿を閲覧できます。

ハッシュタグを使って写真を探す

「#」（ハッシュ）記号が付いたキーワードのことを**ハッシュタグ**といい、「**タグ**」検索では同じハッシュタグが付いた投稿が見つかります。キーワードに関連した写真をかんたんに見つけられるので、ハッシュタグを活用して趣味の合う写真を検索してみましょう。

多くのユーザーがハッシュタグを付けて写真を投稿しています。

キーワードを検索すると、該当するハッシュタグの付いた投稿が表示されます。

第2章 写真を見よう

042

- やわらかい上質な紙を使っているので、開いたら閉じにくい!
- オールカラーで操作を理解しやすい!

大きな画面と
操作のアイコンで
わかりやすい！

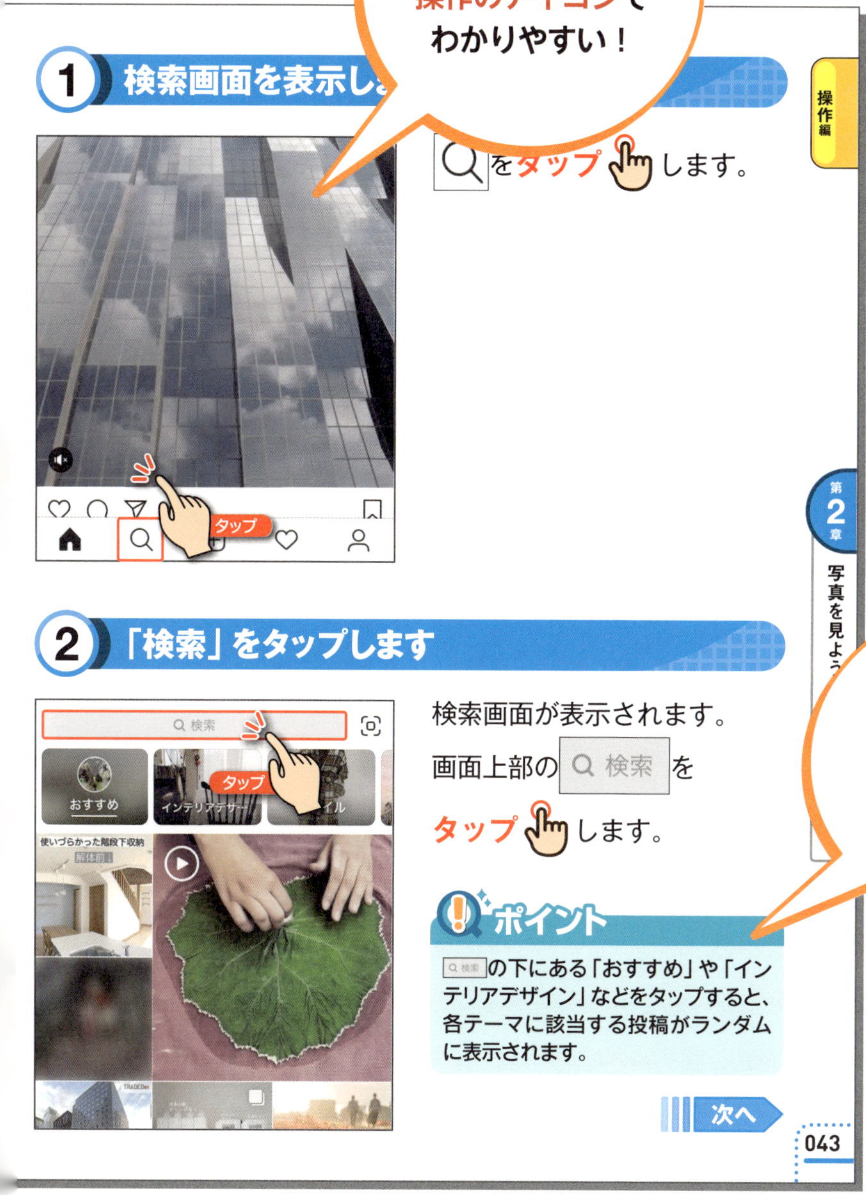

1 検索画面を表示し…

[検索アイコン]をタップします。

2 「検索」をタップします

検索画面が表示されます。

画面上部の[検索]をタップします。

ポイント

[検索]の下にある「おすすめ」や「インテリアデザイン」などをタップすると、各テーマに該当する投稿がランダムに表示されます。

次へ

操作編

第2章 写真を見よう

043

便利な操作や
注意事項が
手軽にわかる！

Contents

第1章 基本編 インスタグラムをはじめよう

第2章 操作編 写真を見よう

第3章 投稿編 写真を投稿しよう

第4章 応用編 インスタグラムを使いこなそう

Q&A編

第5章 困ったときのQ&A

ご注意：ご購入・ご利用の前に必ずお読みください

- 本書に記載された内容は、情報提供のみを目的としています。したがって、本書を用いた運用は、必ずお客様自身の責任と判断によって行ってください。これらの情報の運用の結果について、技術評論社および著者はいかなる責任も負いません。

- アプリやOSに関する記述は、特に断りのないかぎり、2018年10月現在での最新情報をもとにしています。これらの情報は更新される場合があり、本書の説明とは機能内容や画面図などが異なってしまうことがあり得ます。あらかじめご了承ください。

- 本書の内容については、以下のバージョンのOS、アプリで制作・動作確認を行っています。そのほかのバージョンについては、本書の解説と異なる場合があります。あらかじめご了承ください。
  iOS：12.0
  Android：8.0
  Instagram：68.0

- インターネットの情報については、URLや画面などが変更されている可能性があります。ご注意ください。

以上の注意事項をご承諾いただいた上で、本書をご利用願います。これらの注意事項をお読みいただかずに、お問い合わせいただいても、技術評論社および著者は対処しかねます。あらかじめご承知おきください。

基本編

インスタグラムをはじめよう 1

この章でできること

- インスタグラムについて知る
- インスタグラムの楽しさを知る
- インスタグラムに必要なものを知る
- アプリをインストールする
- インスタグラムの初期設定を行う

基本編

Section 01

インスタグラムとは

- インスタグラム
- 写真の投稿
- 写真の閲覧

インスタグラムは、写真や動画を世界中の人と共有できるサービスです。月間利用者数10億人を誇る、国内でも人気のSNSです。

写真や動画を共有できるサービス

インスタグラムは、2010年にアメリカで誕生した**写真や動画を共有できるサービス**です。スマートフォンで撮影した写真や動画を専用アプリから手軽に投稿できることから、スマートフォン世代の若者を中心に人気のサービスとなりました。今では月間利用者数が10億人にものぼります。

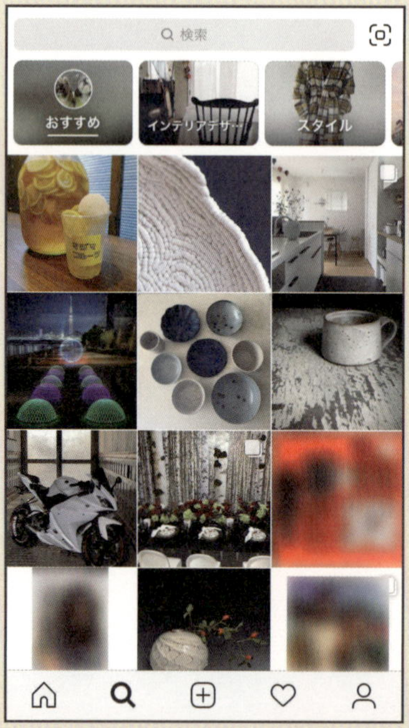

1 写真や動画を投稿・閲覧する

インスタグラムの醍醐味は、写真や動画の投稿です。撮影した写真や動画を自由に編集して投稿し､多くの人に見てもらいましょう。ほかのユーザー（利用者のこと）が投稿した写真や動画も閲覧することができます。

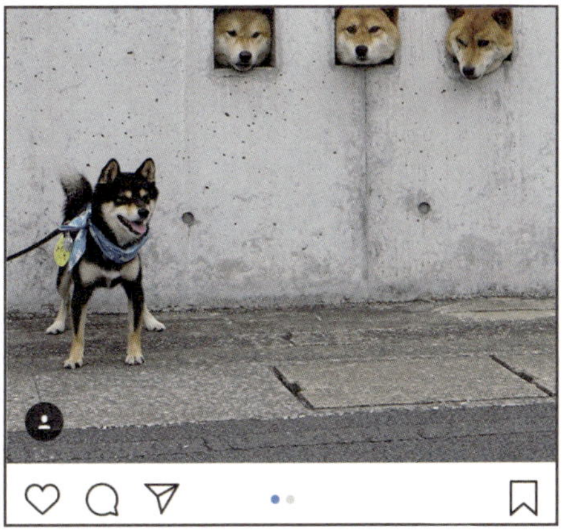

2 写真や動画を通じて世界とつながる

インスタグラムを利用している人は世界中にいます。言葉が通じなくても、写真や動画を通じてさまざまなユーザーとつながって交流することができます。投稿した写真や動画を気に入ってもらえれば､「いいね！」やコメントがもらえたり、お気に入りのユーザーとして登録（フォロー）してもらえることもあります。

Section 02

インスタグラムって何が楽しいの?

- 楽しみ方
- 写真の投稿
- 人との交流

インスタグラムではさまざまな楽しみ方を見つけることができます。自分で写真を投稿して楽しむのはもちろん、ほかのユーザーが投稿したキレイな写真も閲覧できます。

自分に合った楽しみ方を探せる

インスタグラムの楽しみ方は人それぞれです。さまざまな編集機能を使った写真の投稿を楽しむ人もいれば、自分のお気に入りのユーザーや芸能人の写真を見て楽しむ人、「いいね!」やコメントでほかのユーザーとの交流を楽しむ人などがいます。自分に合ったインスタグラムの楽しみ方を見つけてみましょう。

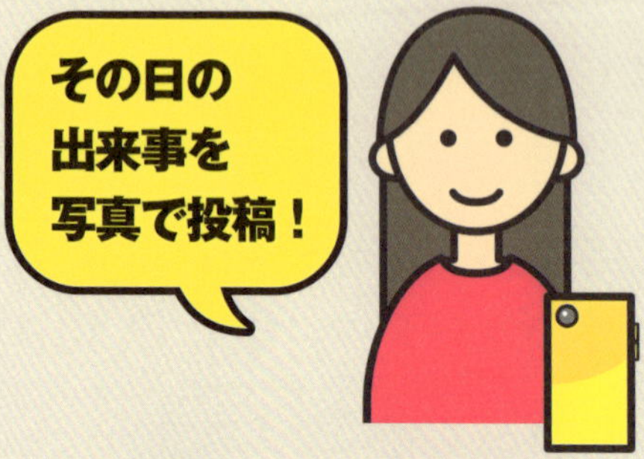

●投稿

写真といっしょに説明文を投稿して、日記のように使うこともできます。

●閲覧・交流

芸能人や海外のユーザーなど、普段は見ることのできない人の日常をのぞいたり、交流したりすることができます。

1 自分の好きなものや日常を発信できる

日常的な写真を投稿して日記のようにしたり、好きなものや感動したものを投稿して、ほかのユーザーにアピールしたりできます。

2 ほかのユーザーと交流ができる

インスタグラムは一般のユーザーだけでなく、芸能人や企業なども多く利用しています。芸能人の普段は見ることができない姿を閲覧したりコメントしたりできるのも、インスタグラムの大きな楽しみです。

Section 03

インスタグラムでできること

◇ 写真や動画の閲覧
◇ 写真や動画の投稿
◇ 編集機能で加工

インスタグラムは写真に特化したサービスで、ほかのユーザーの投稿を確認したり、自分で撮影・編集した写真や動画を投稿したりできます。

1 世界中のユーザーが投稿した写真や動画の閲覧

インスタグラムを利用しているすべてのユーザーの写真や動画を閲覧できます。「ハッシュタグ」や「位置情報」といった、写真や動画の検索に役立つ機能も用意されています。気になるユーザーをフォローすればいつでも投稿が見られるようになり、また、気に入った投稿には「いいね!」やコメントを付けることもできます。

2 写真や動画の投稿

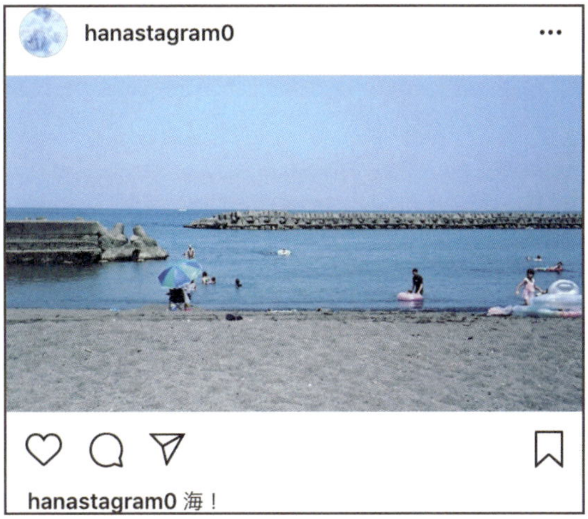

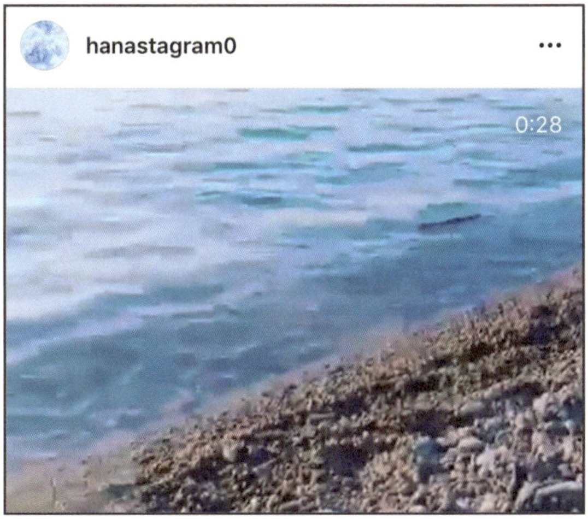

カメラ機能で撮影した写真や、端末上に保存されている写真を投稿することができます。60秒以内の動画も同様に投稿することができます。

3 さまざまな編集機能による加工

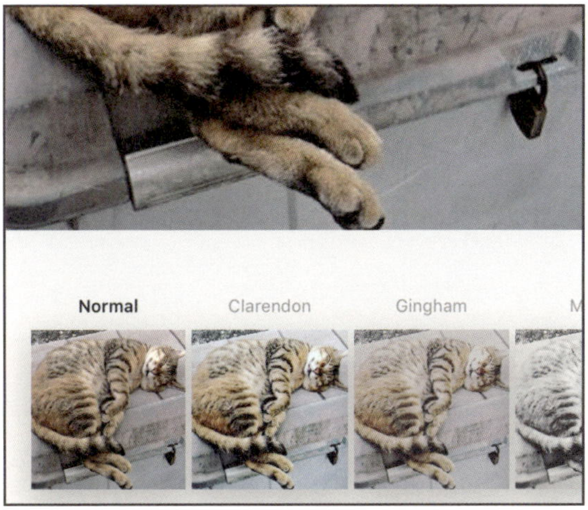

インスタグラムには40種類の加工フィルターが用意されており、好みの雰囲気に写真を編集できます。明るさや傾きなどを補正する機能も搭載されています。

Section
04 はじめるために必要なもの

◇ スマートフォン
◇ アプリ
◇ アカウント

インスタグラムをはじめるには、特別な道具は必要ありません。スマートフォンさえあれば、少しの準備で誰でもかんたんにインスタグラムをはじめることができます。

インスタグラムはスマートフォンで利用する

インスタグラムはパソコンからでも閲覧することができますが、**写真や動画の投稿・編集はスマートフォンのみ**で行えます。iPhoneやAndroidスマートフォンを用意しましょう。また、すべての機能を利用可能にするためには**アプリのインストール**（アプリを追加すること）も必要です。

● パソコンの場合

閲覧…○
投稿…×
編集…×
「いいね!」やコメント…○

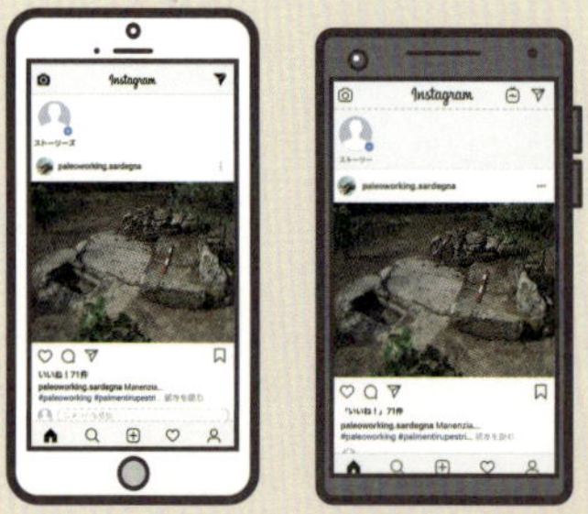

● スマートフォンの場合

閲覧…○
投稿…○
編集…○
「いいね!」やコメント…○

1 スマートフォンと専用アプリ

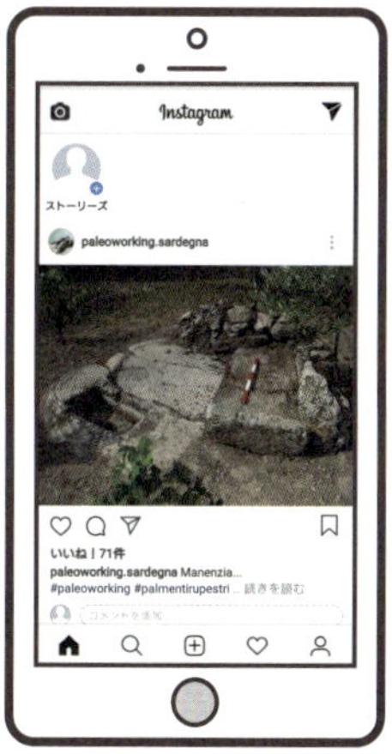

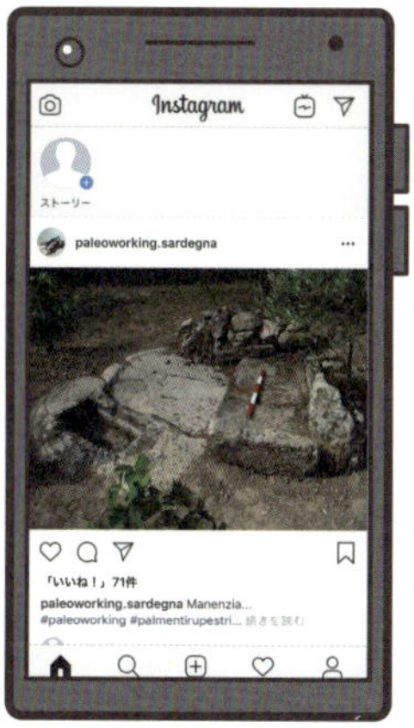

iPhoneやAndroidスマートフォンといった端末を用意します。iPhoneの場合は「App Store」、Androidスマートフォンの場合は「Play ストア」で、それぞれ専用のアプリをインストールします（Sec.05参照）。

2 インスタグラムのアカウント

アカウントとは、インスタグラムの利用のために必要な情報をまとめたものです。アカウントがなければ、写真の投稿やほかのユーザーとの交流はできません。アカウントの作成には電話番号かメールアドレス、またはFacebookのアカウントが必要になります（Sec.06参照）。

基本編

Section 05

アプリをインストールしよう

◇ iPhone
◇ Android
◇ インストール

インスタグラムは専用アプリを使うことがおすすめです。P.19～22ではiPhone、P.23～25ではAndroidスマートフォンでのインストール方法を解説します。

インスタグラムのスマートフォン専用アプリ

インスタグラムはスマートフォンのブラウザアプリからでも利用できますが、アプリをインストールすれば、撮影、編集、投稿など、**インスタグラムに必要な操作をすべて行うことができます**。インスタグラムのアプリは**無料**でインストールできます。なお、Androidスマートフォンには最初からインスタグラムのアプリがインストールされている機種もあります。

iPhone

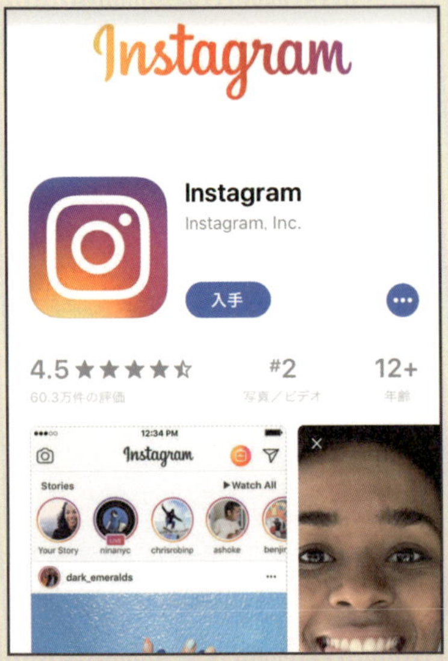

Android

●iPhoneでのインストール方法

1 「App Store」をタップします

iPhoneのホーム画面で「App Store」をタップします。

2 「検索」をタップします

検索 をタップします。

次へ

3 「インスタグラム」を検索します

App Store を

タップし、

「インスタグラム」と

入力して、

検索をタップします。

4 「Instagram」をタップします

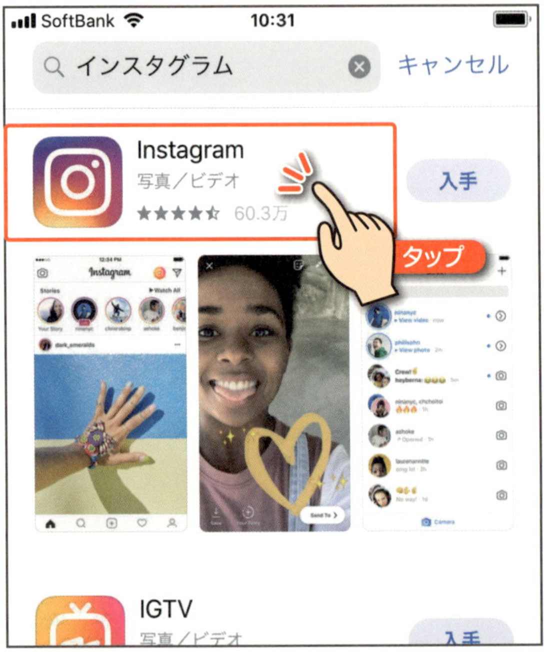

検索結果に表示される

「Instagram」を

タップします。

5 「入手」をタップします

アプリの詳細が表示されます。

入手 をタップします。

ポイント

以前インストールしたことがある場合は、☁と表示されることもあります。タップすると、インストールできます。

6 「インストール」をタップします

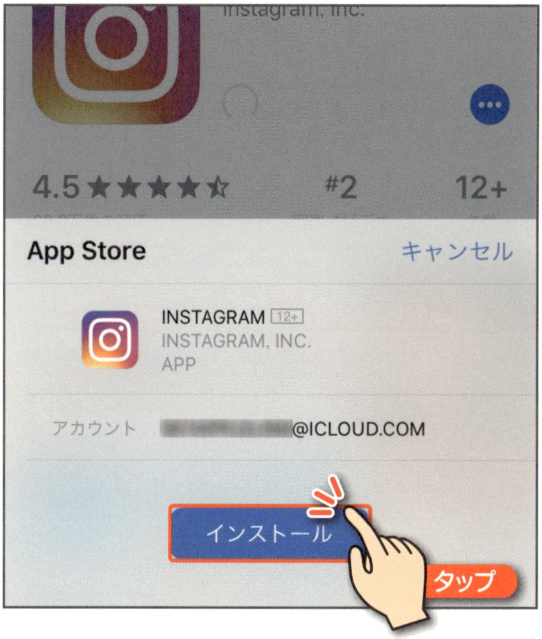

インストール をタップします。

ポイント

App Storeからアプリをインストールするためには、Apple IDが必要になります。

次へ

7 パスワードを入力します

パスワード を タップ してApple IDのパスワードを入力し、サインイン を タップ します。

8 インストールが開始されます

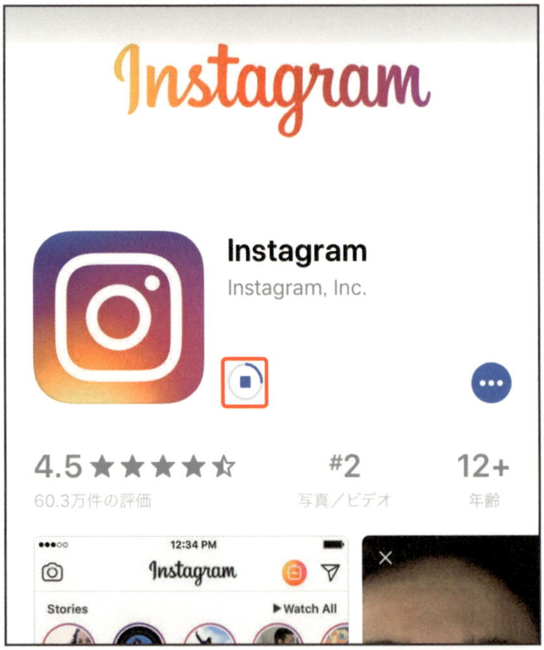

サインイン（本人確認のこと）に成功すると、インストールが開始されます。

ポイント

インストールが終了したあとに 開く をタップすると、P.27手順②の画面に進みます。

終わり

Androidスマートフォンでのインストール方法

1 「Play ストア」をタップします

Androidスマートフォンのホーム画面で「Play ストア」をタップします。

ポイント

最初からすでにインストールされている場合は、この操作は必要ありません。

2 検索ウィンドウをタップします

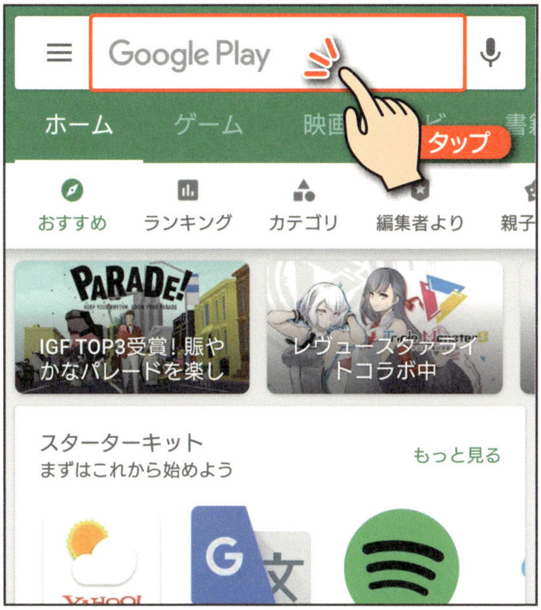

「Google Play」をタップします。

ポイント

Play ストアを利用するにはGoogleアカウントをあらかじめ設定しておく必要があります。

次へ

3 「インスタグラム」を検索します

「インスタグラム」と入力し、🔍をタップします。

4 「詳細」をタップします

検索結果に表示される「Instagram」の 詳細 をタップします。

5 「インストール」をタップします

アプリの詳細が表示されます。インストールをタップします。

ポイント

更新と表示された場合は、タップするとアプリを最新版に更新することができます。

6 インストールが開始されます

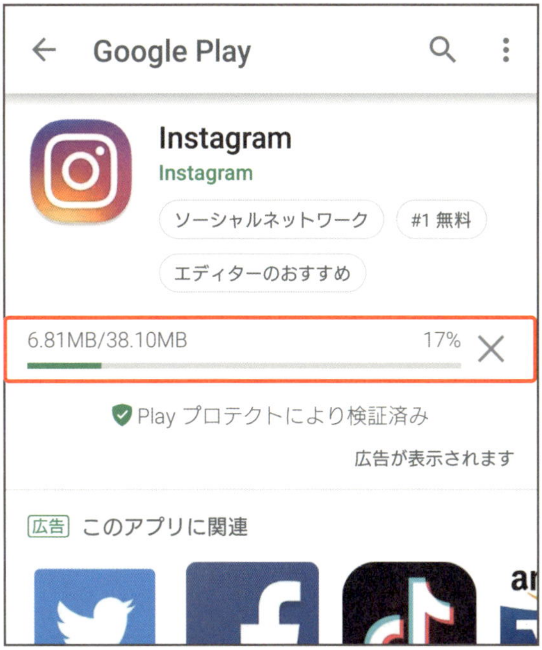

インストールが開始されます。

ポイント

インストールが終了したあとに開くをタップすると、P.27手順②の画面に進みます。

終わり

基本編

Section **06**

初期設定しよう

◇ アプリ
◇ 初期設定
◇ アカウント作成

インスタグラムのアプリをインストールしたら、初期設定を行いましょう。アカウントは、電話番号、メールアドレス、Facebookのアカウントのいずれかで作成できます。

インスタグラムの初期設定

インスタグラムをはじめるには、まず**アカウントを作成**する必要があります。電話番号またはメールアドレスを入力してアカウントの作成に進み、アクセス許可などの設定を行いましょう。また、Facebookのアカウントを利用することもできます。作成したあとは、自由にプロフィール写真や通知の変更ができます。

1 「Instagram」をタップします

スマートフォンのホーム画面もしくはアプリ一覧画面で「Instagram」を**タップ**します。

ポイント

インスタグラムのアプリは定期的に最新版が公開され、不具合が修正されたり、新たな機能が追加されたりします。常に最新版のアプリが使えるように更新しておきましょう。

2 アカウントを新規作成します

アプリが起動します。

新しいアカウントを作成

（Androidの場合は、

メールアドレスか電話番号で登録）

を**タップ**します。

次へ

3 電話番号を入力します

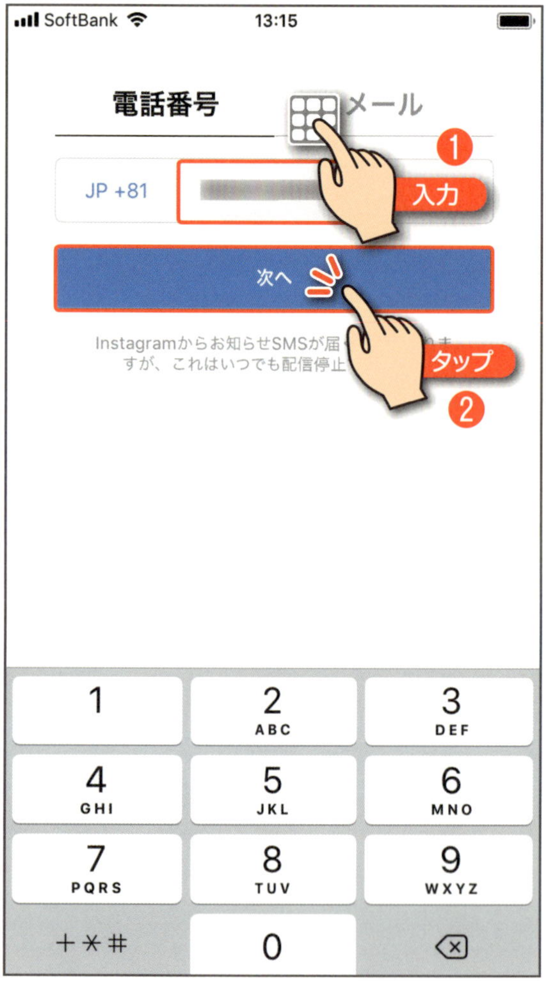

アカウントを作成するには、電話番号かメールアドレスの登録が必要です。
ここでは

JP +81 | 電話番号

をタップして電話番号を入力し、

次へ

をタップします。

ポイント

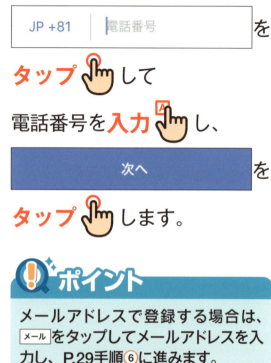

メールアドレスで登録する場合は、メールをタップしてメールアドレスを入力し、P.29手順⑥に進みます。

4 認証コードが届きます

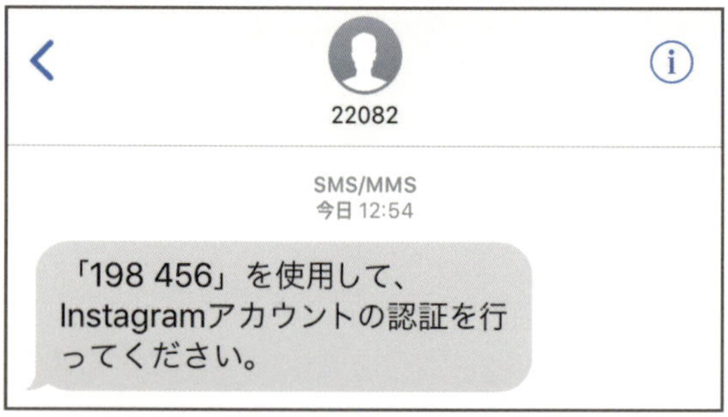

SMSで認証コードが届くので、SMSアプリ上で確認します。自動的に認証コードが入力され、P.29手順⑥の画面に進む場合もあります。

5 認証コードを入力します

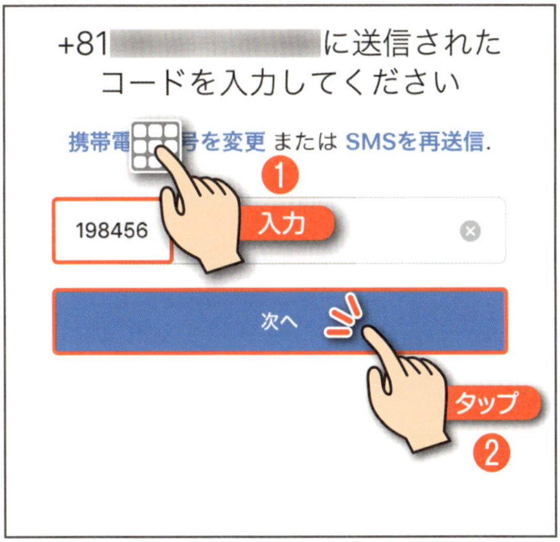

インスタグラムアプリに戻り、 認証コード を タップ して認証コードを 入力 したら、 次へ を タップ します。

6 名前とパスワードを設定します

名前とパスワードを 入力 し、 次へ を タップ します。

ポイント

名前とパスワードはあとから変更することができます。名前の変更方法については、P.106、P.109を参照してください。

次へ

7 ユーザーネームが作成されます

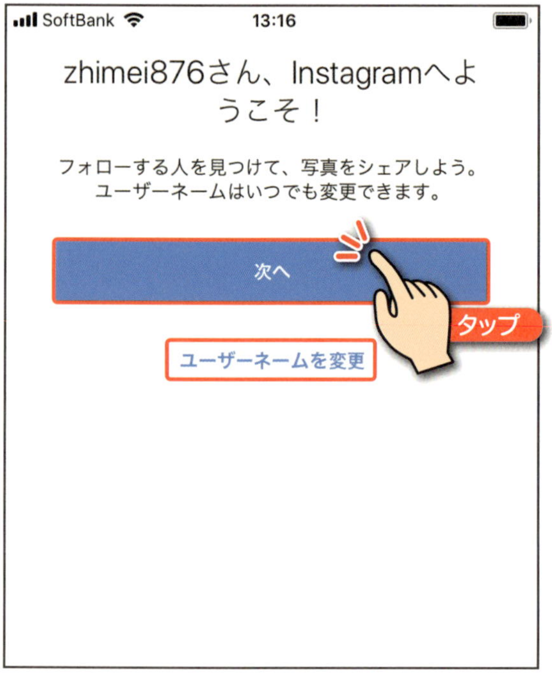

ユーザーネーム（検索などに使われる名前のこと）が作成されます。
自分で決めたい場合は、ユーザーネームを変更をタップします。
問題がなければ、次へをタップします。

8 「スキップ」をタップします

「Facebookの友達を検索」画面が表示される場合があります。
ここではスキップをタップします。

9 「連絡先を検索」をタップします

「連絡先を検索」画面が表示された場合は、連絡先を検索 をタップします。

ポイント

連絡先に登録されている人にアカウントを知られたくない場合は、スキップ をタップし、P.33手順⑬の画面に進みます。

10 アクセスを許可します

連絡先へのアクセス許可を求められます。OK をタップします。

次へ

11 連絡先が同期されます

連絡先が同期され、インスタグラムを利用している友達が表示されます。フォローしたいユーザーの右側に表示されている フォローする をタップします。

12 「次へ」をタップします

フォローしたユーザーは、表示が フォロー中 に変わります。次へ をタップします。

13 「スキップ」をタップします

「プロフィール写真を追加」画面が表示されます。

ここでは スキップ を

タップ します。

ポイント

プロフィール写真はあとから追加・変更することができます（P.106～108参照）。

14 ログイン情報を保存します

「ログイン情報を保存」画面が表示されます。

保存 を

タップ すると、

次回のアプリの起動時にパスワードなどを入力せずにログイン（接続）することができます。

次へ

15 「完了」をタップします

「フォローする人を見つけよう」画面が表示される場合があります。

ここでは 完了 を

タップ します。

16 通知送信を許可します

通知送信の許可を求められた場合は、

許可 を

タップ します。

ポイント

通知方法はあとから変更することができます（P.137～139参照）。

17 ホーム画面が表示されます

インスタグラムのホーム画面が表示されます。
画面を上方向に
スクロール します。

18 未読の写真や動画が表示されます

フォローしたユーザーの投稿など、未読の写真や動画を確認することができます。

ポイント

P.31手順⑨で連絡先と同期しなかった場合は、投稿は表示されません。Sec.10～11を参考にユーザーを探してフォローしましょう。

終わり

コラム Facebookのアカウントでログインする

インスタグラムのアカウントは、電話番号やメールアドレスだけでなく、Facebookのアカウントでも作成することができます。P.27手順②で「ログイン」をタップし、Facebookへのアクセスを許可して、Facebookにログインします。スマートフォンですでにFacebookへのログインが完了している場合は、よりかんたんにFacebookとインスタグラムを連携することができます。

●Facebookにログインしていない場合

P.27手順②の画面で ログイン をタップします。Facebookへのアクセスが表示されるので、続ける をタップします。次の画面でメールアドレスまたは電話番号、Facebookのパスワードを入力し、ログイン をタップします。

●すでにFacebookにログインしている場合

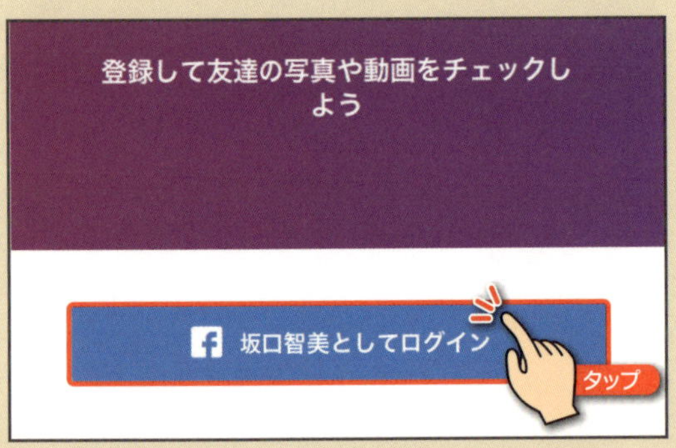

P.27手順②で「○○（名前）としてログイン」をタップします。

操作編

2 写真を見よう

この章でできること

- インスタグラムの画面を知る
- タイムラインで投稿を確認する
- 「いいね!」やコメントを付ける
- 写真と友達を探してフォローする
- メッセージを送る
- ストーリーズを閲覧する

画面を確認しよう

◆ インスタグラム
◆ 画面構成
◆ 5つの画面

インスタグラムの画面は、ホーム、検索、投稿、アクティビティ、プロフィールの5つの画面で構成されています。ここでは各画面の表示内容や役割を解説します。

インスタグラムの基本画面

インスタグラムは**5つの画面**で構成されており、基本的には「**ホーム**」画面が表示されます。画面下部のアイコンをタップすることで、ほかの画面に切り替えることができます。

● ホーム

では、フォローしているユーザーの投稿が閲覧できる「タイムライン」や24時間で自動的に削除される「ストーリーズ」などが表示されます。

1 インスタグラムのそのほかの画面

検索

では、新しいユーザーや写真を見つけることができます。

投稿

では、写真や動画を撮影したり投稿したりできます。

アクティビティ

では、「いいね!」やフォローなどの通知が表示されます。

プロフィール

では、自分のプロフィールや過去の投稿などを確認できます。

操作編

Section 08

タイムラインを見よう

◇ タイムライン
◇ ホーム画面
◇ 更新

タイムラインには、自分やフォローしているユーザーの投稿が表示されます。タイムラインはアプリ起動時に自動更新されますが、手動で更新することもできます。

タイムラインとは?

インスタグラムの「タイムライン」とは、**自分や自分がフォローしているユーザーの投稿が表示される場所**のことです。画面を下方向にフリックすると、タイムラインが更新されて新しい投稿を見ることができます。

ホーム画面を上下にスクロールすると、タイムラインを見ることができます。

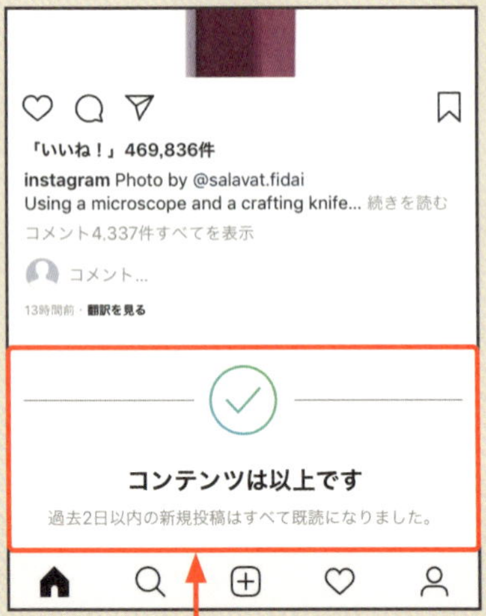

投稿をすべて閲覧すると、「コンテンツは以上です」と表示されます。

1 画面をフリックします

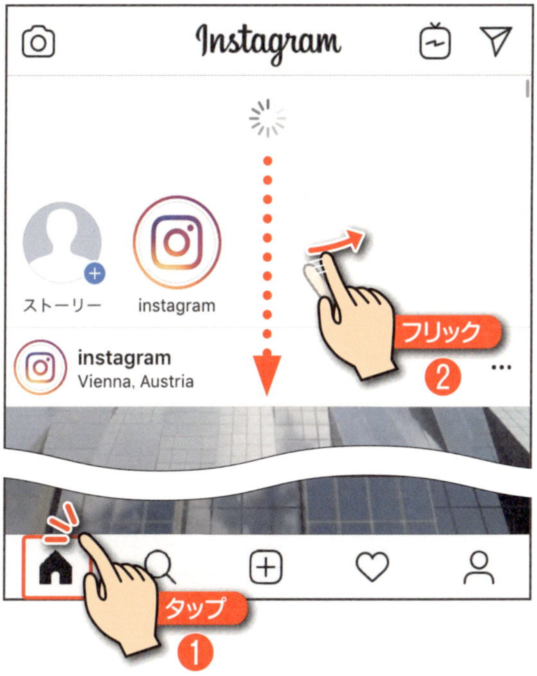

をタップして
ホーム画面を表示し、
画面を下方向に
フリックします。

2 タイムラインが更新されます

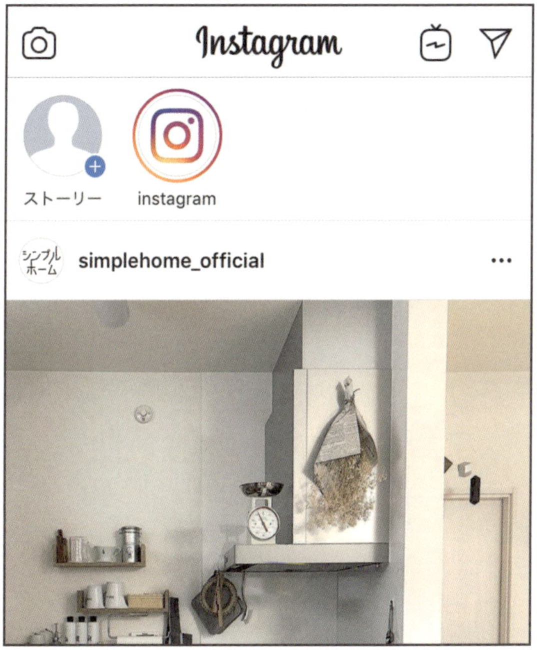

タイムラインが更新され、
新しい投稿が表示されます。

終わり

操作編

Section 09

写真を探そう

◇ 検索画面
◇ ハッシュタグ
◇ 位置情報

インスタグラムの検索機能のひとつに、「ハッシュタグ」というものがあります。ハッシュタグを検索することで、そのキーワードに関連する投稿を閲覧できます。

ハッシュタグを使って写真を探す

「#」（ハッシュ）記号が付いたキーワードのことを**ハッシュタグ**といい、「**タグ**」検索では同じハッシュタグが付いた投稿が見つかります。キーワードに関連した写真をかんたんに見つけられるので、ハッシュタグを活用して趣味の合う写真を検索してみましょう。

多くのユーザーがハッシュタグを付けて写真を投稿しています。

キーワードを検索すると、該当するハッシュタグの付いた投稿が表示されます。

1 検索画面を表示します

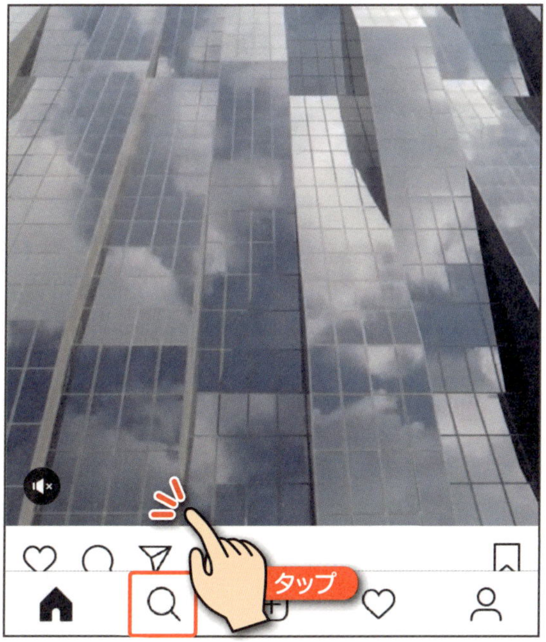

🔍をタップ👆します。

2 「検索」をタップします

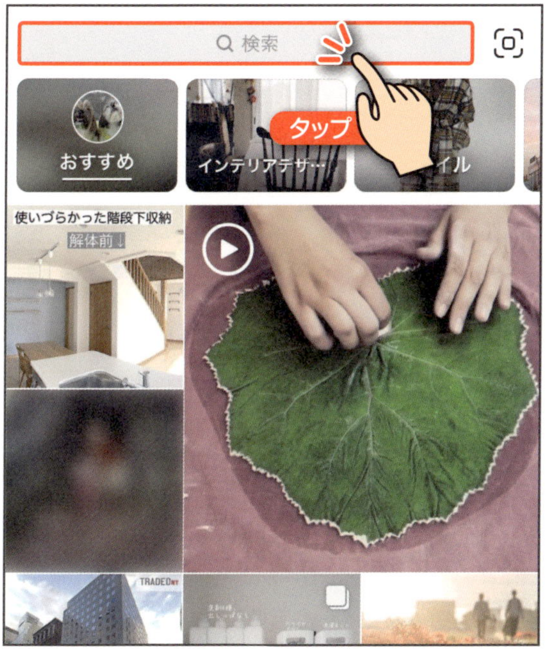

検索画面が表示されます。

画面上部の 🔍 検索 を

タップ👆します。

ポイント

🔍 検索 の下にある「おすすめ」や「インテリアデザイン」などをタップすると、各テーマに該当する投稿がランダムに表示されます。

次へ

3 検索の種類を切り替えます

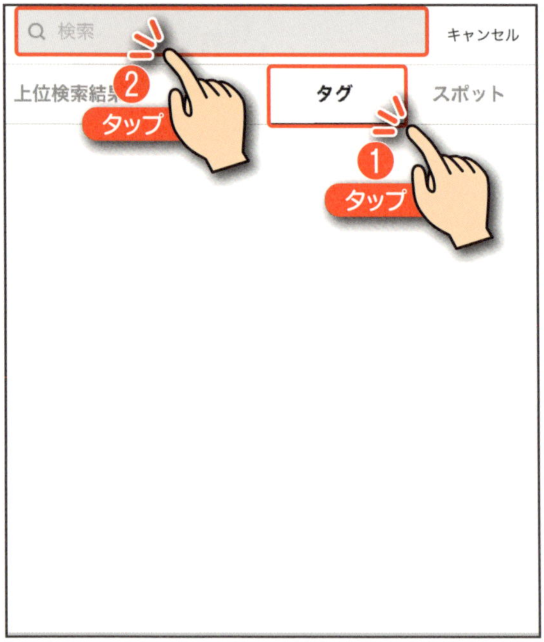

タグ をタップし、 検索 をタップします（Androidの場合は # → ハッシュタグを検索 ）。

ポイント

P.43手順②の画面に戻りたい場合は、キャンセル（Androidの場合は ← ）をタップします。

4 キーワードを入力します

検索したいキーワードを入力し、表示される候補から任意のハッシュタグをタップします。

5 検索結果が表示されます

ハッシュタグの検索結果が表示されます。任意の投稿をタップします。

ポイント

「トップ」には人気の投稿、「最近」には最新の投稿が表示されます。

6 写真が表示されます

投稿が表示されます。

ポイント

一度検索したハッシュタグは履歴としてP.44手順④の画面に表示されます。

終わり

コラム ハッシュタグの探し方

インスタグラムを利用しているすべてのユーザーは、投稿の際にハッシュタグを作成することができます。ハッシュタグは日本語、英語、数字、絵文字（iPhoneのみ）に対応しているので、たとえば「#犬」と「#dog」では、検索結果も変化します。ハッシュタグは単語や名詞が基本でしたが、最近では文章をハッシュタグにするユーザーも増えてきています。

P.44手順④でキーワードを入力すると、ハッシュタグの候補が一覧で表示されるので、気になるハッシュタグを見つけたら、タップして投稿を見てみましょう。各ハッシュタグに投稿件数も表示されているので、どのハッシュタグが人気なのかもわかります。

現在人気のハッシュタグを知りたいときは、「TOKYO TREND PHOTO」などのインスタグラムの分析サイトが便利です。

TOKYO TREND PHOTO

「TOKYO TREND PHOTO」(http://tokyotrend.photo/)では、人気のハッシュタグや「いいね！」数の多い投稿を見ることができます。

コラム　今いる場所の周辺の写真を探す

インスタグラムの検索では、位置情報を利用して現在いる場所の周辺で撮影・投稿された写真を探すこともできます。

1

P.44手順③の画面で

スポット をタップし、

現在地付近 をタップします

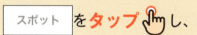

（Androidの場合は

→ 近くのスポット ）。

2

「付近の情報」が表示されます。

任意の場所をタップします。

3

タップした場所で撮影された写真が表示されます。

ポイント

この方法で写真を探すためには、あらかじめスマートフォンの位置情報機能をオンにしておく必要があります。

Section 10 友達を探そう

◇ ユーザーの検索
◇ 人物
◇ 連絡先

インスタグラムで友達を探すには、「人物」タブを利用します。ユーザーネームや名前を検索して、友達を見つけてみましょう。フォローの方法はSec.11を参照してください。

「人物」で友達を探す

検索画面の「人物」タブでは、ユーザーネームを入力して友達を探すことができます。ユーザーネームがわからない場合は、名前で検索することも可能です。

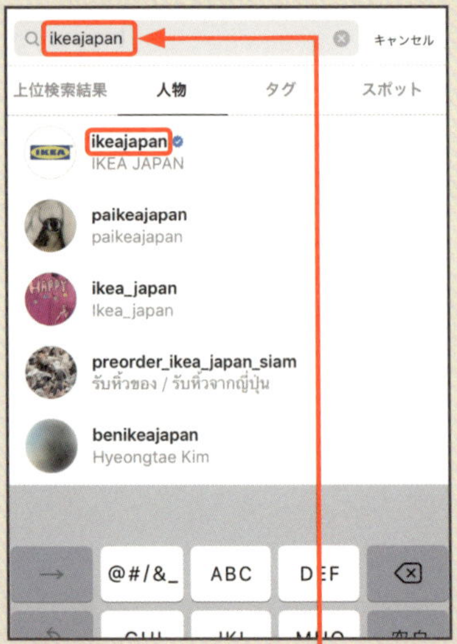

ユーザーネームがわかる場合は、ユーザーネームを入力して検索します。

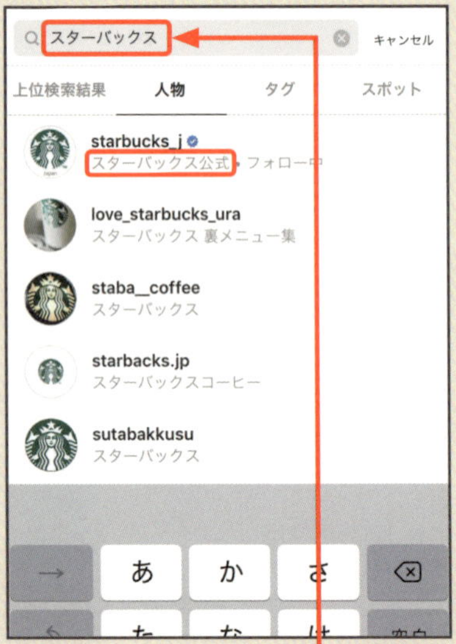

ユーザーネームがわからなくても、名前で検索することができます。

1 検索画面を表示します

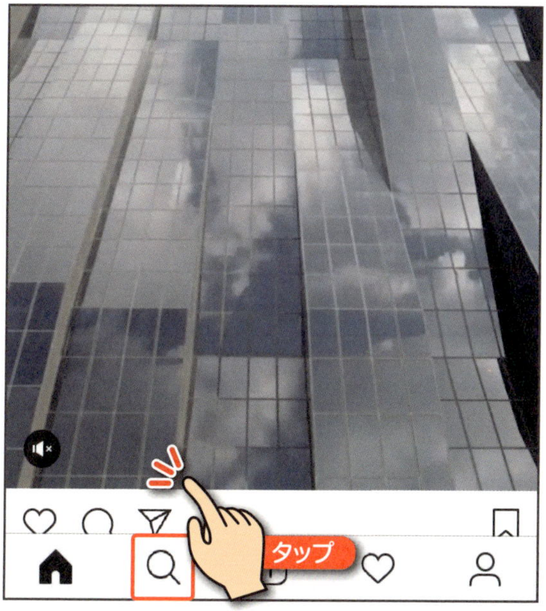

🔍をタップします。

2 「検索」をタップします

検索画面が表示されます。

画面上部の 🔍 検索 をタップします。

ポイント

以前表示した検索結果や投稿などの画面が代わりに表示された場合は、画面左上の〈（Androidの場合は←）を数回タップするか、🔍をダブルタップしてください。

次へ

3 検索の種類を切り替えます

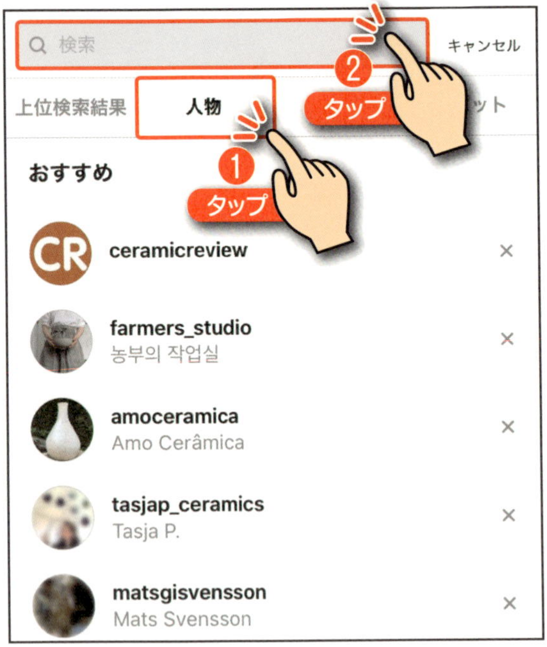

人物 をタップし、検索 をタップします（Androidの場合は 👤 → ユーザーを検索 ）。

4 任意のユーザーをタップします

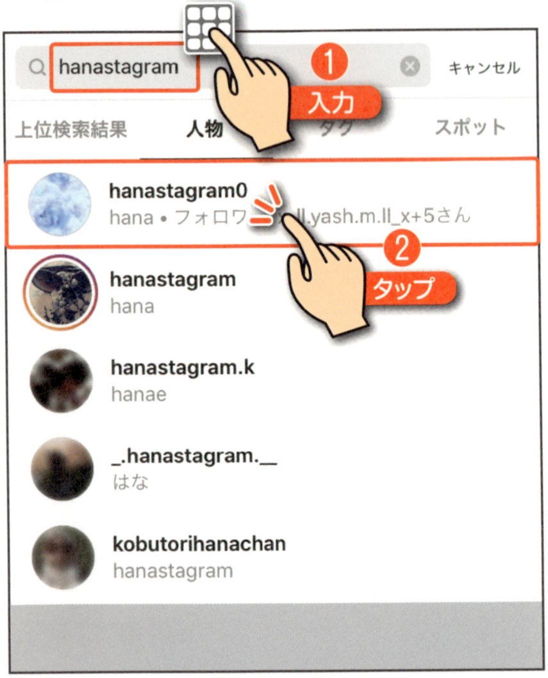

任意の文字列を入力すると、その文字列をユーザーネームや名前に含むユーザーが候補に表示されます。任意のユーザーをタップします。

5 プロフィールが表示されます

タップしたユーザーのプロフィールが表示されました。

ポイント

表示したユーザーが非公開アカウントだった場合は、Sec.33を参照してください。

終わり

コラム 連絡先から友達を見つけるには?

インスタグラムと連絡先をリンクすると、連絡先から友達を見つけることができます。連絡先をリンクさせても、友達を自動的にフォローしてしまうようなことはありません。

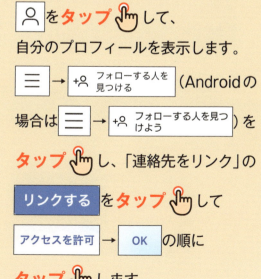

[人物アイコン]をタップして、自分のプロフィールを表示します。[≡]→[フォローする人を見つける](Androidの場合は[≡]→[フォローする人を見つけよう])をタップし、「連絡先をリンク」の[リンクする]をタップして[アクセスを許可]→[OK]の順にタップします。

操作編

Section 11 フォローしよう

- ◇タイムライン
- ◇フォロー
- ◇プロフィール

気に入ったユーザーを見つけたら、フォローしましょう。フォローすることで、自分のタイムラインに相手の投稿が表示されるようになります。

アカウントをフォローするとどうなる?

お気に入りのユーザーを登録することを「フォロー」といいます。フォローすると、**タイムライン**に相手の投稿を表示させたり、**メッセージ**を送ったりすることが可能になります。

フォローしたユーザーの投稿が自分のタイムラインで見れるようになります。

フォローしたユーザーとメッセージをやり取りすることができます(Sec.14参照)。

1 検索画面を表示します

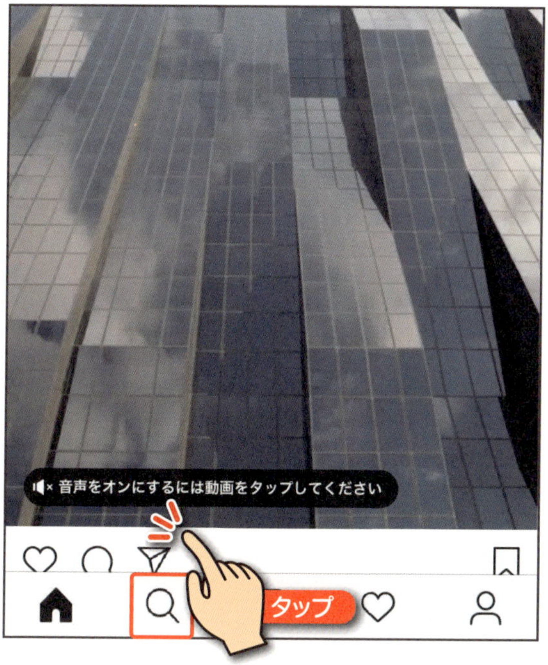

🔍をタップします。

ポイント

Sec.09の方法で検索した投稿からユーザーをフォローする場合は、P.54手順④に進んでください。Sec.10の方法で検索したユーザーをフォローする場合は、P.55手順⑤に進んでください。

2 画面をスクロールします

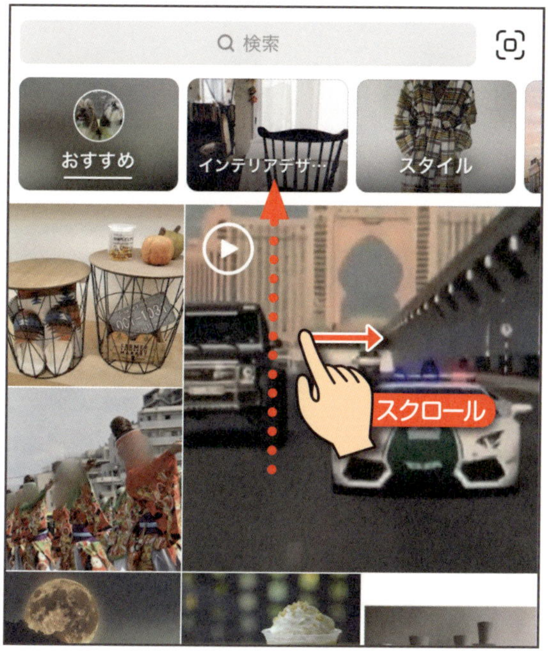

フォローしていないユーザーの投稿がランダムに表示されます。

画面を上方向にスクロールします。

ポイント

画面を下方向にフリックすると、表示される投稿が変わります。

次へ

3 投稿をタップします

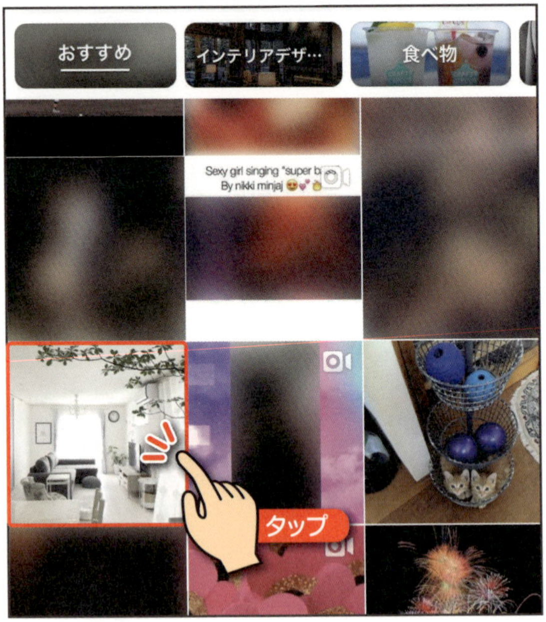

気になる投稿のサムネイル（縮小表示された画像のこと）をタップ します。

4 投稿が表示されます

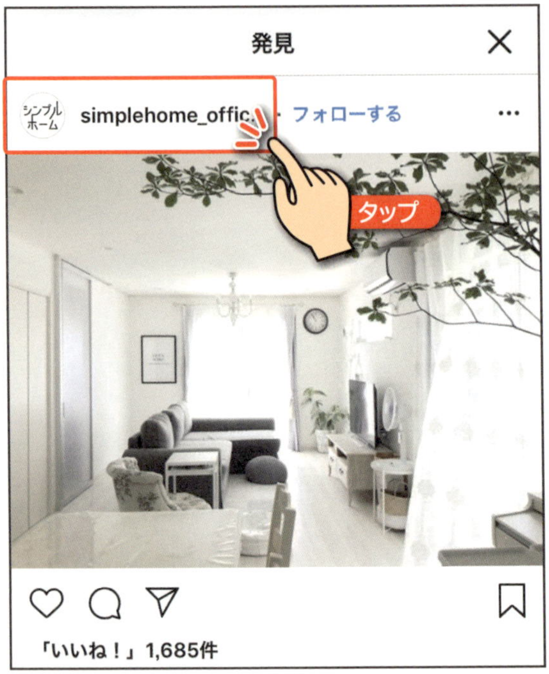

投稿が表示されます。ユーザーネームをタップ します。

ポイント

×（Androidの場合は←）をタップすると、手順③の画面に戻れます。

5 「フォローする」をタップします

プロフィール画面が表示されます。

フォローする を タップ します。

ポイント

フォローしたユーザーの投稿はホーム画面に表示されるようになります。

6 フォローが完了します

フォローする が （Androidの場合は ）に変わり、フォローが完了します。

ポイント

フォローを解除したい場合は、P.117のコラムを参照してください。

終わり

操作編

Section 12

「いいね!」を付けよう

◆ 投稿
◆ いいね!
◆ 取り消し

ほかのユーザーの投稿には、「いいね!」を付けることができます。お気に入りの写真を見つけたら「いいね!」を付けて、相手に気持ちを伝えましょう。

「いいね!」とは?

インスタグラムでは、ユーザーの投稿に「いいね!」を付けることができます。**「いいね!」は投稿が気に入ったという意味で多く使われます**。また、投稿者に投稿を見たことを伝えるために「いいね!」したり、投稿内容に共感したもののコメントではうまく表現できないといった場合に、「いいね!」することで気軽に気持ちを伝えたりすることもできます。自分が「いいね!」した投稿、ほかのユーザーに「いいね!」された投稿は一覧で確認することができます(Sec.24参照)。

1 「いいね!」のアイコンをタップします

「いいね!」したい投稿を表示し、♡をタップします。

ポイント

写真をダブルタップすることでも「いいね!」を付けることができます。

2 「いいね!」が付きます

♡が❤に変わり、「いいね!」が完了します。

ポイント

「いいね!」を取り消す場合は、❤をタップして♡に戻します。

終わり

Section 13

コメントしよう

◇ コメント
◇ 返信
◇ コメントの確認

インスタグラムの投稿には、コメントを付けることもできます。コメントはほかのユーザーと感情を共有したい場合に役立つので、うまく活用してみましょう。

気持ちを伝えるコメント機能

インスタグラムでは、「いいね!」だけでなく、**コメントを送ることもできます**。「素敵な写真ですね!」といったような感想を送れば、投稿者もきっと喜んでくれるでしょう。コメントは返信も可能なので、自分が付けたコメントに投稿者が返信してくれることもあります。

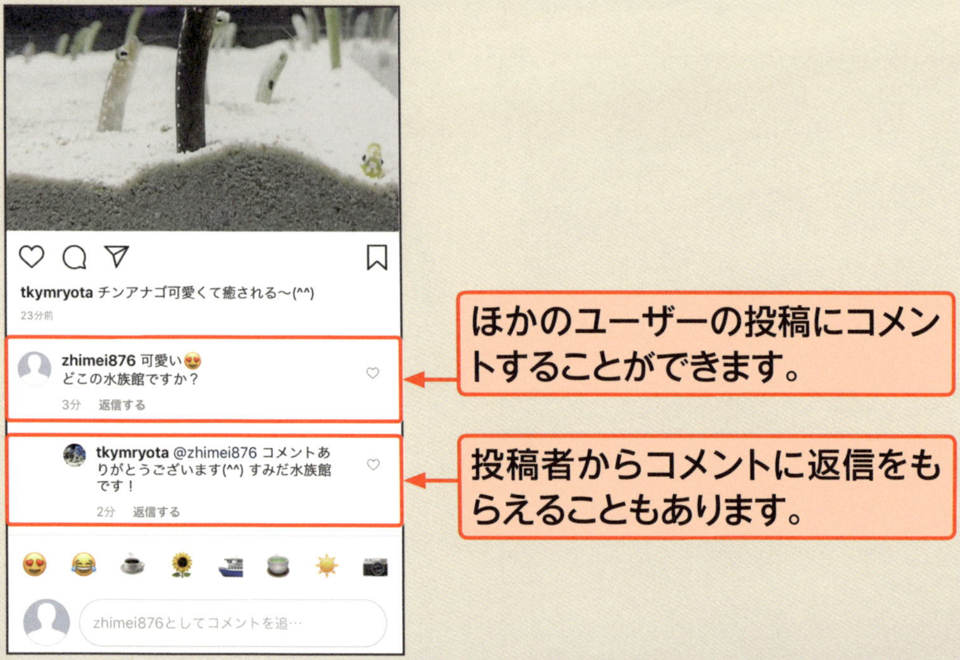

1 「コメント」のアイコンをタップします

コメントしたい投稿を表示し、

をタップしします。

ポイント

コメントできない投稿にはが表示されません。

2 コメントを入力します

コメント…（Androidの場合はコメントを追加…）をタップして、

コメントを入力します。

ポイント

Androidの場合、コメントの改行はできません。コメント入力時は、キーボードの「改行」にあたるボタンが「送信」となっており、タップするとコメントが送信されてしまうので、注意しましょう。

次へ

3 「投稿する」をタップします

投稿する をタップして、コメントを送信します。

ポイント

入力欄の上にあるアイコンをタップすると、絵文字をかんたんに入力できます。

4 コメントが投稿されます

自分のプロフィール写真とユーザーネームといっしょに、コメントが「コメント」画面に投稿されます。

ポイント

コメントに返信したい場合は、「返信する」をタップし、手順②～③の方法でコメントを投稿します。

終わり

コラム すべてのコメントを確認する

コメント数が多い場合、一部のコメントのみが表示されます。すべてのコメントを確認したいときは、「他のコメントを表示」をタップしましょう。また、コメントに対する返信は「返信を表示」をタップすることでも確認できます。

●すべてのコメントを確認する

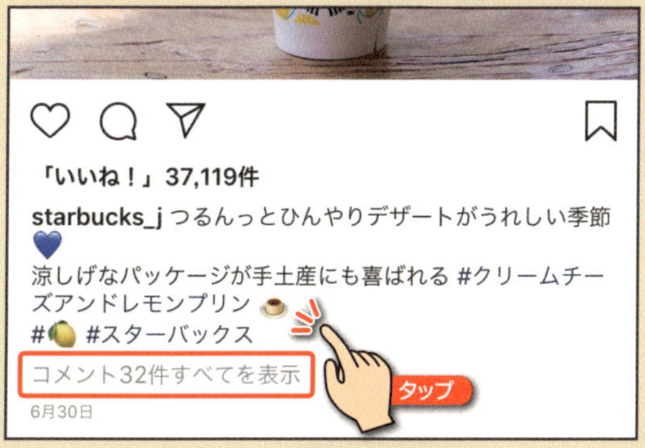

1

コメントを確認したい投稿の コメント32件すべてを表示 を**タップ**します。

2

一部のコメントが表示されます。

画面を上方向に**スクロール**し、 他のコメントを表示 を**タップ**します。

3

すべてのコメントが表示されます。

ポイント

手順②の画面が表示されずに、すべてのコメントが表示される場合もあります。

Section 14

メッセージを送ろう

◇メッセージ
◇インスタグラムダイレクト
◇返信

インスタグラムには、指定した相手しか見られないメッセージを送信できる機能があります。ほかの人に見られたくない個人的な内容はメッセージ機能で送りましょう。

個人間でやり取りできるメッセージ機能

インスタグラムには、「**インスタグラムダイレクト**」というメッセージ機能があります。ほかのユーザーも閲覧できるコメントとは違い、この機能では指定した相手のみとやり取りができます。**メッセージの内容がほかのユーザーに公開されることはありません**。

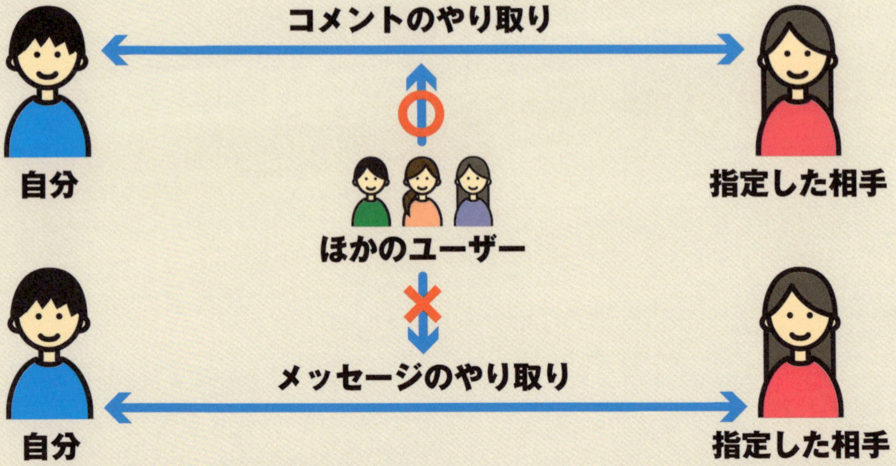

誰でも閲覧できるコメントとは対照的に、メッセージは指定した相手のみとやり取りする機能で、第三者はその内容を閲覧することはできません。

1 「メッセージ」をタップします

メッセージを送信したいユーザーのプロフィール画面を表示し、メッセージをタップします。

ポイント

フォローしていないユーザーにメッセージを送る場合は、…→メッセージを送信の順にタップします（Androidでは⋮→メッセージの送信）。

2 メッセージを入力します

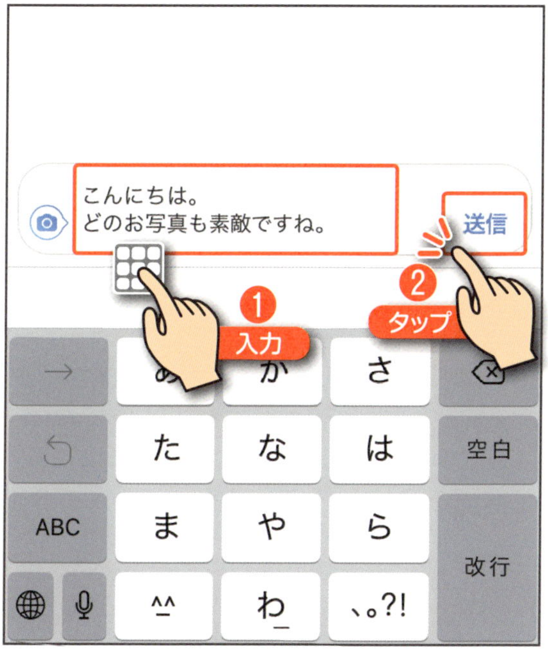

メッセージを送る…をタップしてメッセージを入力し、送信をタップします。

ポイント

コメントと同様に、Androidの場合はメッセージで改行できません。

次へ

3 メッセージが送信されます

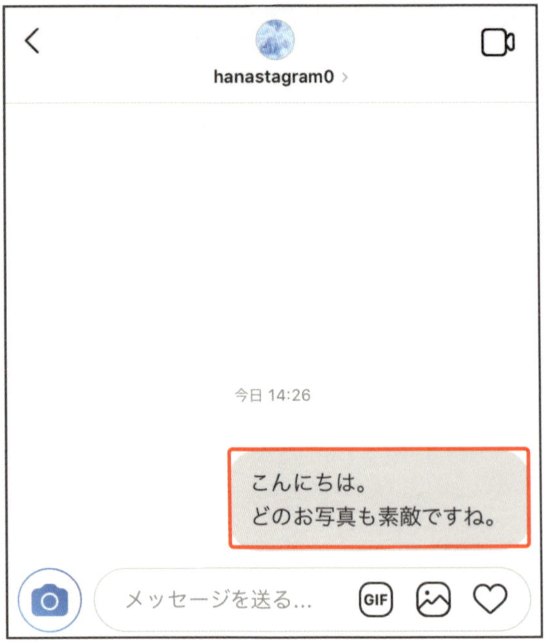

メッセージが送信されます。

ポイント

自分が送信したメッセージは右側、相手から受け取ったメッセージは左側に表示されます。

4 相手から返信が来ました

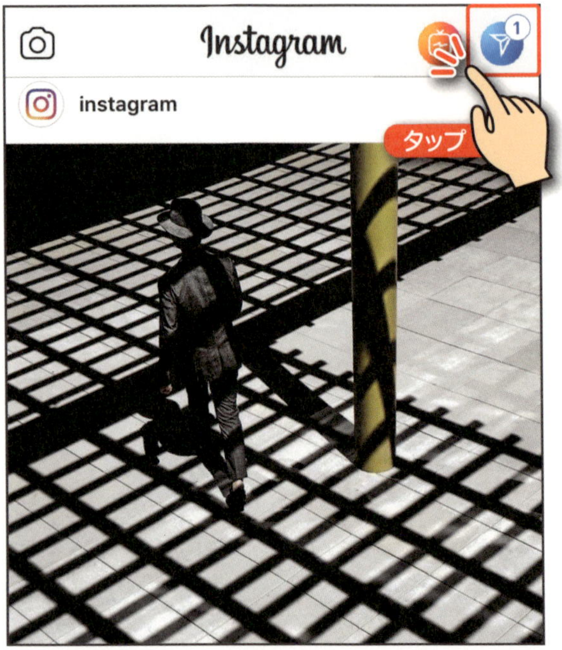

メッセージに返信が来ると、ホーム画面右上のアイコンに数字が表示されます。

をタップします。

ポイント

ホーム画面でをタップして宛先を指定することでも、新規のメッセージを作成できます。

5 返信メッセージをタップします

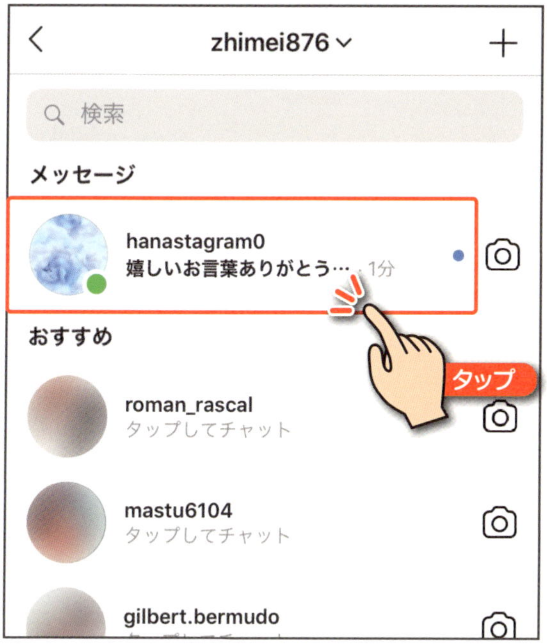

返信メッセージを**タップ**します。

ポイント

未読のメッセージの右側には●が表示されます。

6 返信メッセージが表示されます

返信メッセージが表示されます。

ポイント

メッセージをダブルタップすると、写真や動画と同様に、「いいね!」を付けることができます。

終わり

操作編

Section 15

ストーリーズを見よう

◇ストーリーズ
◇閲覧方法
◇限定公開

インスタグラムには、投稿してから24時間で自動的に削除される「ストーリーズ」という機能があります。ストーリーズには写真も動画も投稿されています。

ストーリーズは24時間限定公開

「ストーリーズ」は**24時間で自動的に投稿が削除される機能**です。ストーリーズを投稿したユーザーを見つけたら、投稿が消えてしまう前にチェックしてみましょう。ストーリーズは、**通常の投稿とは別の場所**に表示されます。

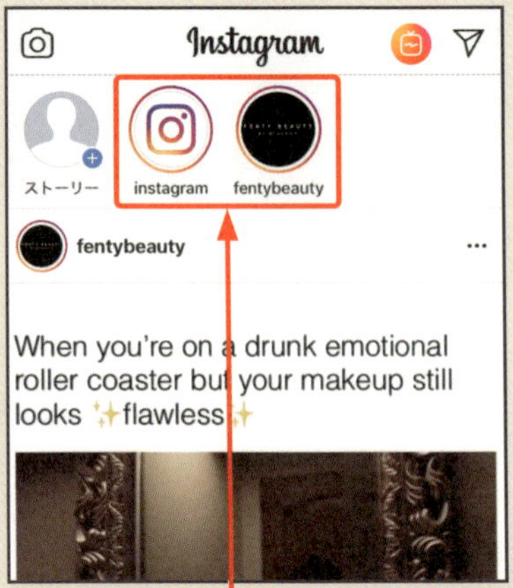

フォローしているユーザーがストーリーズを更新すると、ホーム画面上部にプロフィール写真が表示されます。

ストーリーズには写真と動画を複数つなげたものが投稿されます。ストーリーズにコメントすることもできます。

1 ホーム画面を表示します

をタップします。

2 プロフィール写真をタップします

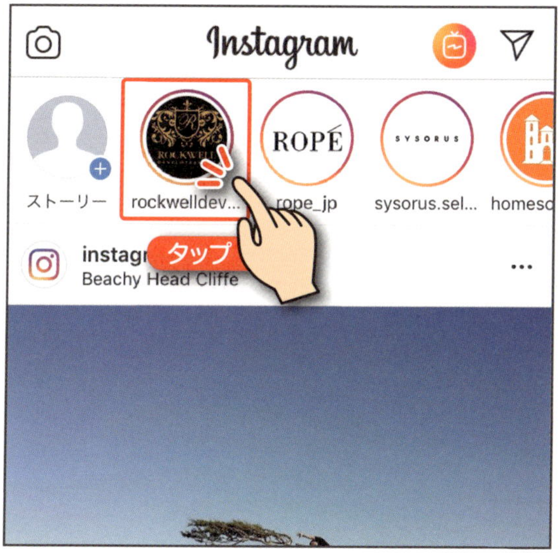

画面上部に表示されている
プロフィール写真から、
任意のものを
タップします。

ポイント

画面上部で左右にスクロールすることで、画面外に隠れているプロフィール写真を表示できます。

3 ストーリーズが再生されます

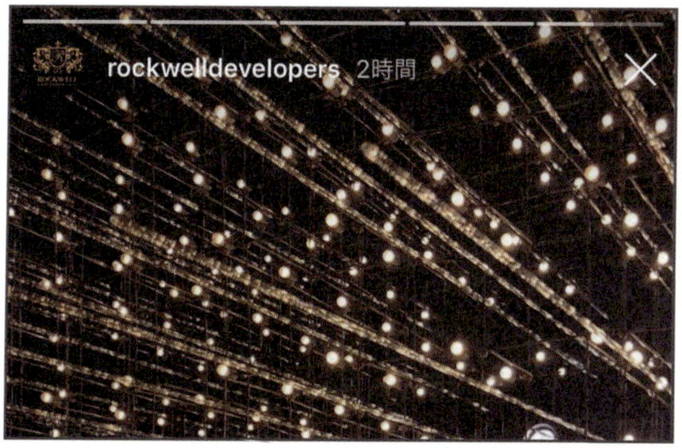

ストーリーズが再生されます。

ポイント

画面左上の「○時間」という表示で投稿から経過した時間を確認できます。

終わり

コラム 写真をスマートフォンに保存できる？

インスタグラムに投稿された写真はキレイで素敵なものが多く、思わず自分のスマートフォンに保存したくなるでしょう。しかし、投稿を画像として保存することやコピーすることはできません。気に入った投稿をいつでも見れるようにしたい場合は、スマートフォンのスクリーンショット機能で画面を撮影するか、しおり機能でインスタグラム上に保存するかしましょう。

しおり機能を使う

1

気に入った投稿の を**タップ**して にします。

2

 を**タップ**して
プロフィール画面を表示し、
 → 保存済み を**タップ**します。

3

インスタグラム上に保存した投稿がサムネイルで表示されます。

サムネイルを**タップ**すると、投稿内容が表示されます。

投稿編

3

写真を投稿しよう

この章でできること

- 写真や動画を投稿する
- 投稿の確認や修正を行う
- 写真にフィルターを利用する
- ハッシュタグを付ける
- 位置情報を追加する

投稿編

Section 16

写真を投稿しよう

- 写真の投稿
- 投稿画面
- 写真の調整

インスタグラムの基本がわかったら、写真を投稿してみましょう。ここでは、端末上にすでに保存されている写真を投稿する手順を解説します。

写真を投稿する

インスタグラムで写真を投稿する際には、写真を選んで**加工や編集**をし、**説明文を入力**してから共有します。

写真を選んで編集し、説明文を入力します。

タイムラインに写真が投稿されます。

1 投稿画面を開く

ホーム画面を表示し、
⊞ をタップ します。

ポイント

写真やカメラへのアクセス許可を求められた場合は、OK（Androidの場合は許可）をタップします。

2 投稿したい写真をタップします

投稿画面が表示されます。
「ライブラリ」（Androidの場合は「ギャラリー」）を
タップ すると、
端末上に保存されているデータが一覧で表示されるので、
投稿したい写真を
タップ します。

次へ

3 写真のサイズや位置を調整します

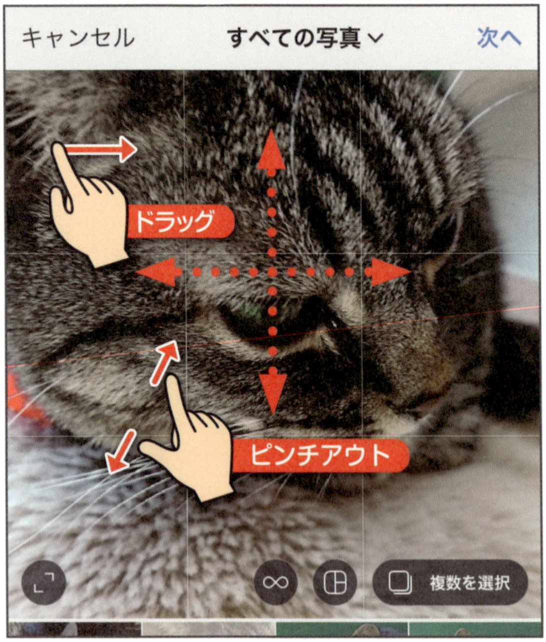

タップした写真が画面上部の大きな枠に表示されるので、**ピンチアウト**や**ドラッグ**でサイズや位置を調整します。

4 調整を完了します

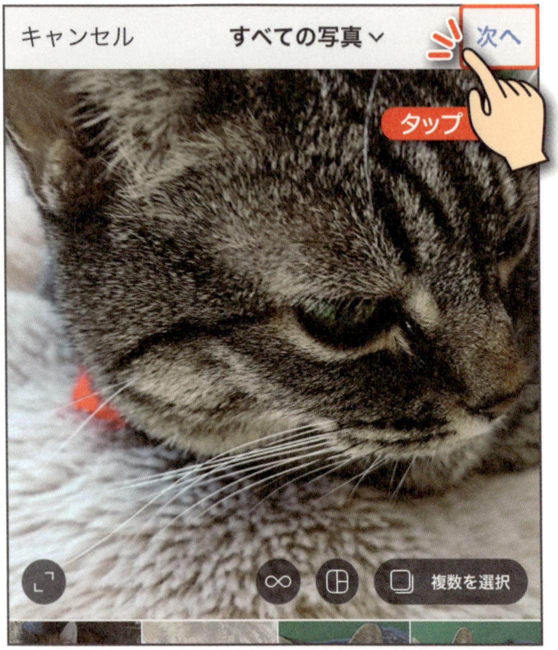

調整が完了したら、次へ をタップします。

5 「次へ」をタップします

フィルター画面が表示されます。ここでは 次へ をタップします。

ポイント

フィルターの利用方法はSec.18を参照してください。

6 説明文を入力します

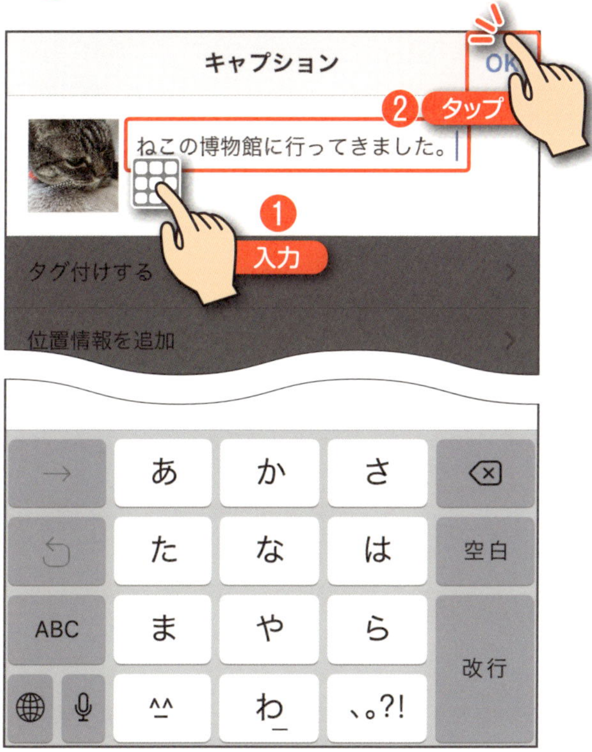

キャプション画面が表示されます。キャプションを書く（Androidの場合は キャプションを入力… ）をタップして説明文を入力します。iPhoneの場合は、 OK をタップします。

次へ

7 写真を投稿します

シェアする（Androidの場合はシェア）をタップします。

ポイント

投稿を中止したい場合は、画面左上の＜（Androidの場合は←）をタップしてください。

8 投稿が完了します

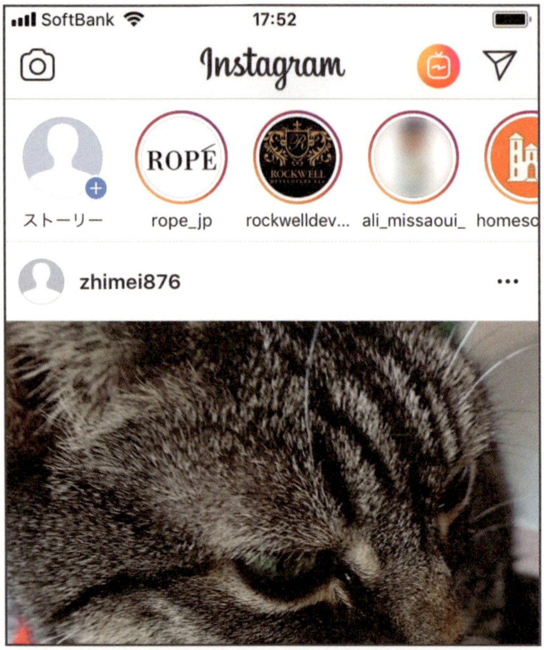

投稿が完了し、ホーム画面が表示されます。

終わり

コラム 投稿する写真のサイズ

インスタグラムに投稿する写真の適切なサイズは、1:1（正方形）、4:5（縦長）、1.91:1（横長）です。通常の操作で投稿を行うと写真は正方形に編集されますが、サイズを変えることもできます。なお、比率を変更できない写真の場合、□は表示されません。

1

P.71 手順②の画面で投稿したい写真を**タップ**し、□を**タップ**します。

2

もとの写真の比率に変更されます。次へを**タップ**し、P.73以降の手順を参考にして投稿を進めます。

3

写真が横長で投稿されます。

投稿編

Section 17

投稿を確認しよう

◇ 投稿内容の確認
◇ プロフィール画面
◇ 表示形式の変更

写真を投稿するとホーム画面に切り替わり、投稿した内容を確認できます。投稿した内容をすべて確認したい場合は、プロフィール画面を開きます。

投稿を確認する

プロフィール画面では、投稿した写真や動画を一覧表示できます。一覧に表示されている画像のことを「**サムネイル**」といいます。サムネイルをタップすれば、投稿した内容が表示されます。

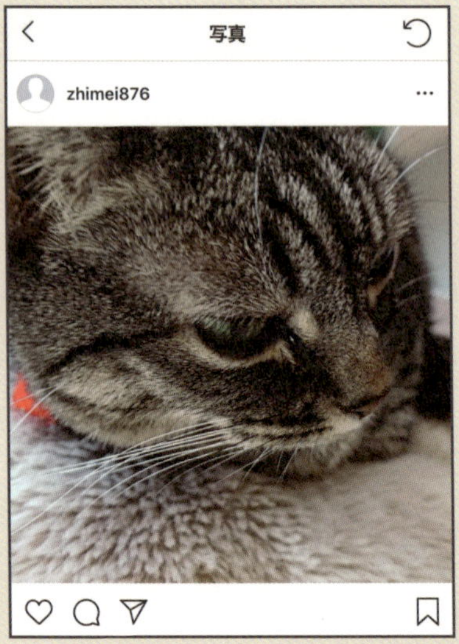

プロフィール画面を開くと、投稿がサムネイルで一覧表示されます。

サムネイルをタップすると、投稿した写真やキャプションを確認できます。

1 プロフィール画面を表示します

ホーム画面を表示し、［人物アイコン］をタップします。

ポイント

アプリの設定によっては、［人物アイコン］のアイコンではなく、プロフィール写真で表示される場合もあります。

2 確認したい写真をタップします

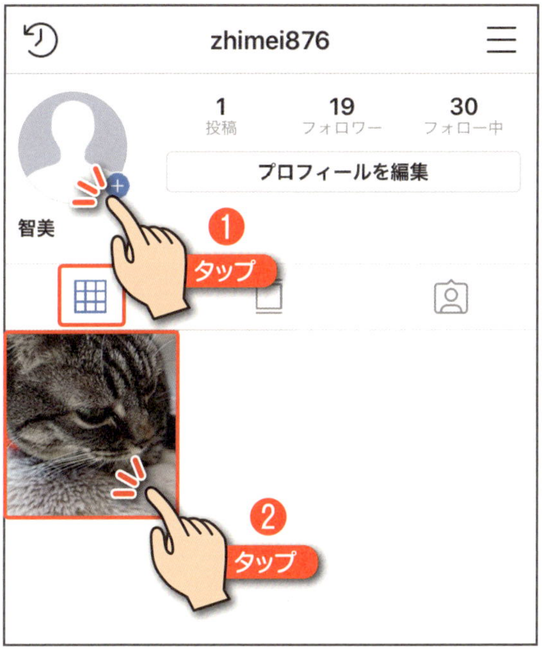

［グリッドアイコン］をタップし、内容を確認したい写真のサムネイルをタップします。

次へ

3 投稿が表示されます

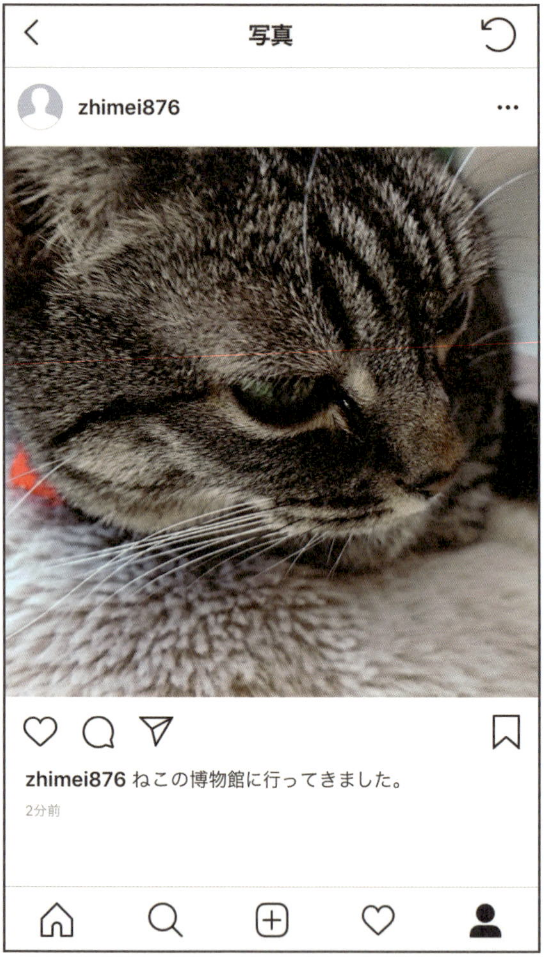

写真が表示され、投稿内容が確認できます。

ポイント

投稿内容を修正したい場合は、Sec.22を参照してください。

終わり

コラム

ほかのユーザーにはどう表示される?

自分の投稿やプロフィール画面がほかの人にどう表示されているのか、気になる人も多いでしょう。インスタグラムのアプリはiPhoneとAndroidでほとんどが同じ構成であり、投稿者とほかのユーザーとの画面に違いはありません。自分が見ている画面がそのままほかの人に表示されてると考えてよいでしょう。また、「いいね!」(Sec.12)やコメント(Sec.13)のアイコンは自分の投稿にも表示され、自分で「いいね!」やコメントを付けることもできます。

コラム

投稿をタイムライン形式で確認する

インスタグラムの投稿は、サムネイル形式だけではなくタイムライン形式で表示させることもできます。これは自分のプロフィール画面上だけでなく、ほかのユーザーのプロフィール画面上でも操作が可能です。

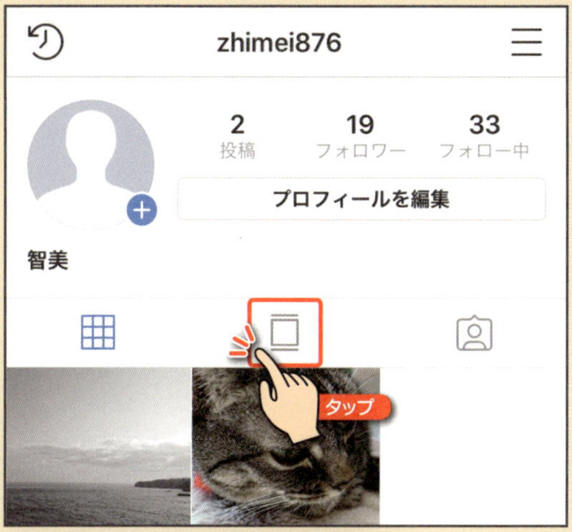

1

P.77手順①を参考にプロフィール画面を表示し、

をタップします。

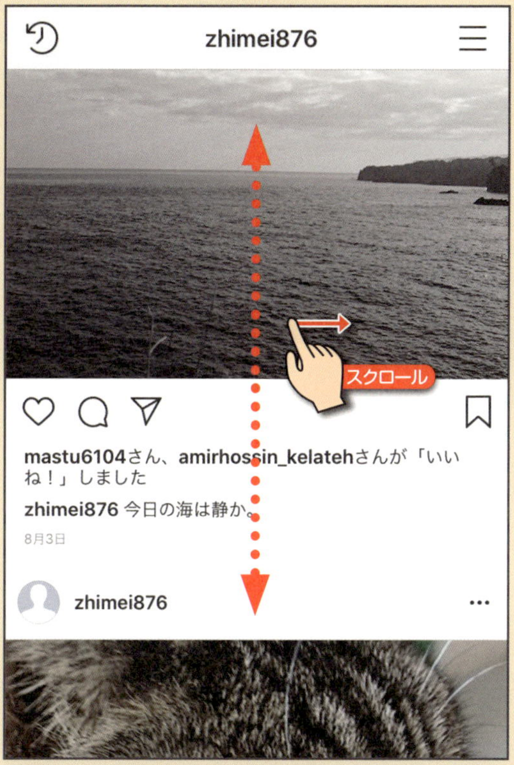

2

投稿がタイムライン形式で表示されます。

上下にスクロールすると、すべての投稿を確認できます。

投稿編

Section 18

フィルターを使おう

◇ 写真の編集
◇ フィルター
◇ 適用度の調整

インスタグラムで写真を編集するときには、「フィルター」機能を利用できます。40種類のフィルターから気に入ったものを選んで、写真の雰囲気を変えてみましょう。

フィルターで写真の雰囲気を変える

インスタグラムの「**フィルター**」機能は、味気ない写真でもガラリと雰囲気を変えることができる便利な機能です。投稿したい写真に合ったフィルターを見つけてみましょう。

フィルター画面では、初期状態で23種類のフィルターが用意されています。

気に入ったフィルターをタップすると、写真にフィルターが追加されます。

1 投稿したい写真を選択します

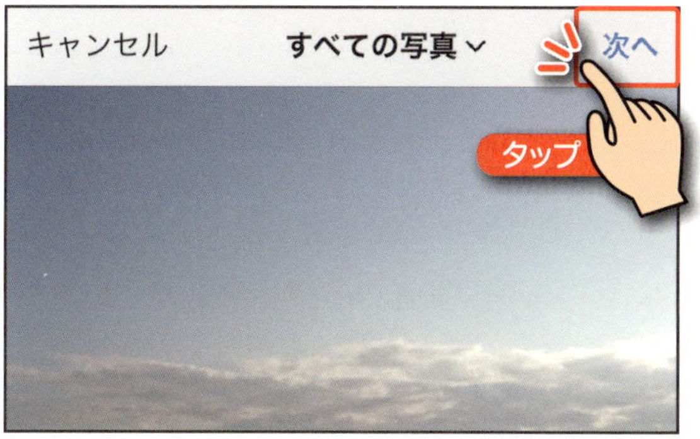

P.71～72を参考に投稿画面でフィルターを利用したい写真をタップして調整を行い、次へをタップします。

2 フィルター画面が表示されます

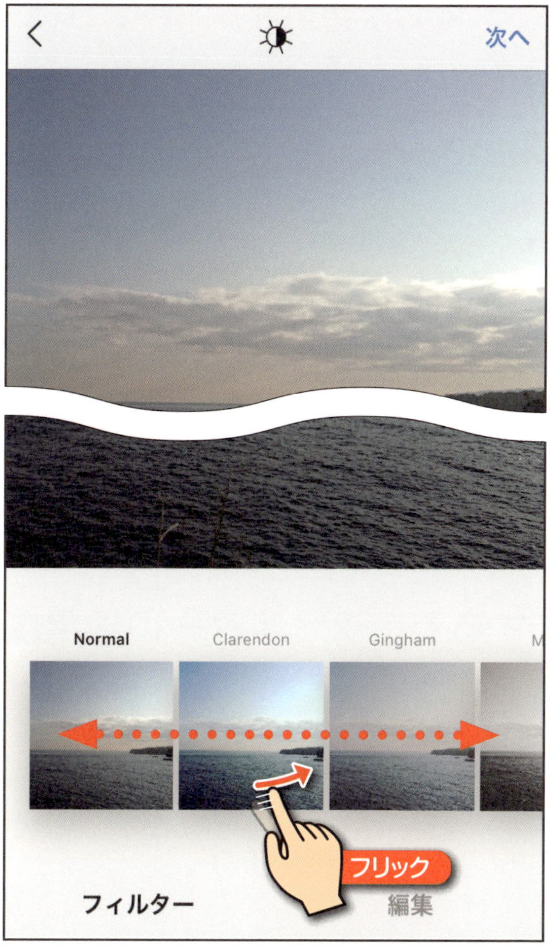

フィルターを追加する画面が表示されます。
画面下部のフィルターの一覧をフリックします。

ポイント

一番右端の「管理」をタップすると、40種類までフィルターを増やすことができます。

次へ

3 フィルターをタップします

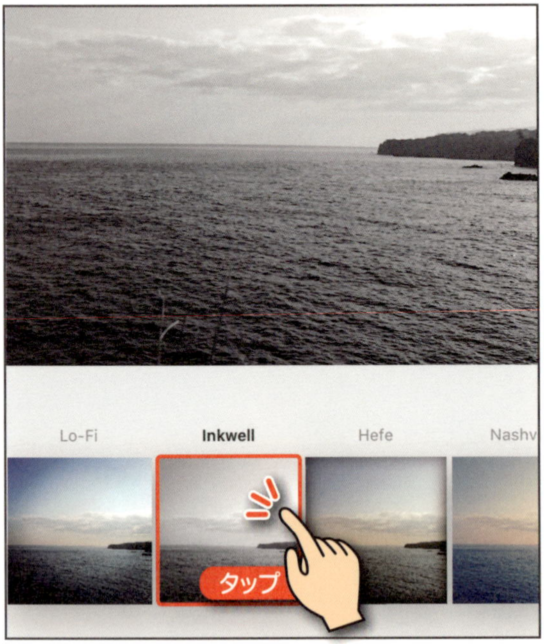

任意のフィルターをタップすると、写真にフィルターが追加されます。もう一度フィルターをタップします。

ポイント

フィルターを適用する前の状態に戻したい場合は、「Normal」をタップします。

4 適用度を調整します

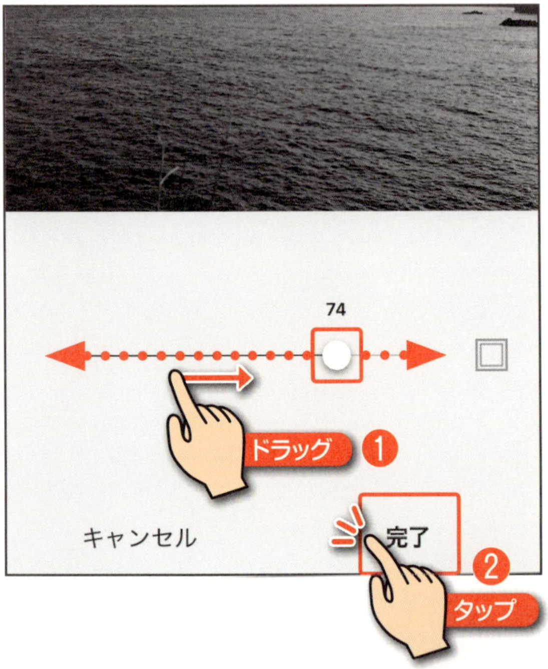

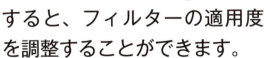

フィルターの調整画面が表示されます。（Androidの場合は）を左右にドラッグすると、フィルターの適用度を調整することができます。

調整できたら 完了 をタップします。

5 「次へ」をタップします

フィルター画面に戻るので、次へ をタップ します。

ポイント

画面上部の☀（Androidの場合は☀）をタップすると、色味などの細かい調整を行うこともできます。

6 説明文を入力して投稿します

P.73を参考に説明文を入力 し、シェアする（Androidの場合は シェア ）をタップ して、投稿します。

終わり

投稿編

Section 19

動画を投稿しよう

- 動画の投稿
- 動画の長さの調整
- カバーの選択

インスタグラムでは、写真だけでなく動画の投稿もできます。投稿できる動画の長さは60秒以内のため、再生時間の長い動画は投稿前に調整する必要があります。

動画を投稿する

インスタグラムでは**60秒以内の動画**も投稿できます。投稿の基本的な手順は写真の投稿と同じですが、再生時間の長さ調整をしたり、カバー（タイムラインなどで表示される静止画のこと）を設定したりできます。

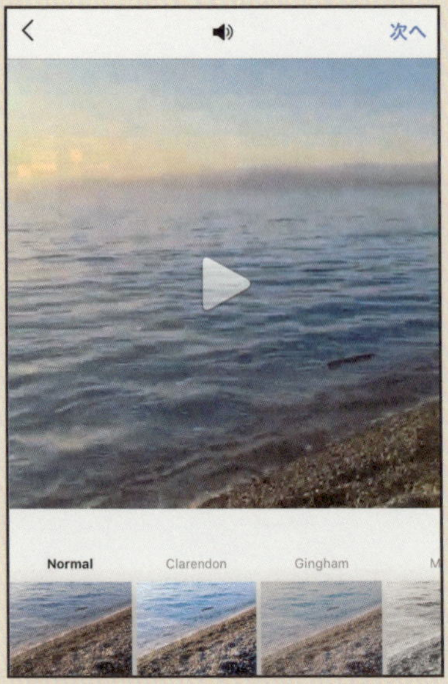

60秒以内の動画を投稿することができます。

時間の長い動画は調整することも可能です。

1 投稿画面を表示します

ホーム画面を表示し、⊞をタップします。

2 投稿したい動画をタップします

投稿したい動画をタップし、次へをタップします。

ポイント

動画ファイルには、サムネイルの右下に再生時間の長さが表示されています。投稿できる動画の長さには制限があり（P.89のコラム参照）、調整が必要な場合があります。

3 フィルターを追加します

P.81～82を参考にしてフィルターを追加し、長さ調整をタップします。

ポイント

フィルター、長さ調整、カバーを設定しない場合、次へをタップします。

4 サムネイルをタップします

iPhoneの場合は、動画のサムネイルをタップします。

ポイント

Androidの場合はこの操作は必要ありません。

5 動画の長さを調整します

動画クリップの両側の（Androidの場合は）をドラッグし、動画の始まりと終わりを調整します。iPhoneの場合は、調整が完了したら 完了 をタップします。

6 「カバー」をタップします

カバー をタップします。

次へ

7 サムネイルを選択します

タイムラインやプロフィール画面の投稿一覧に表示されるカバーを選択します。

カバーにしたいサムネイルを**タップ**し、次へを**タップ**します。

8 説明文を入力して投稿します

P.73～74を参考に説明文を**入力**し、シェアする（Androidの場合はシェア）を**タップ**して投稿します。

9 動画が投稿されます

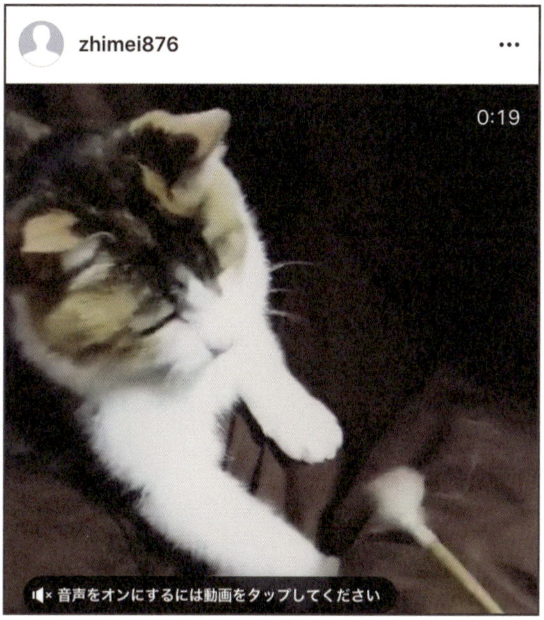

投稿が完了し、ホーム画面が表示されます。

終わり

コラム 投稿できる動画の長さは?

インスタグラムで投稿できる動画の長さは、3秒以上60秒以内です。3秒未満の動画の場合は、P.85手順②で選択することができません。60秒を超える動画でも選択することはできますが、P.88手順⑧の画面には進めないので、「長さ調整」画面で60秒以内に収まるように調整しましょう。

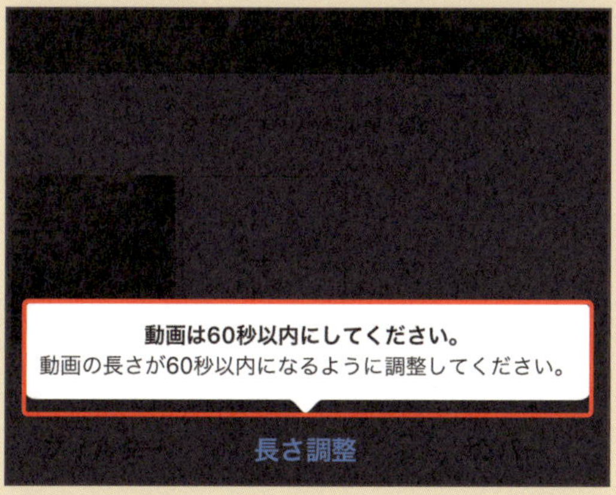

60秒を超える動画を投稿しようとすると、長さ調整を促す注意文が表示されます。

投稿編

Section 20

ハッシュタグを付けよう

◇ ハッシュタグ
◇ ハッシュタグのルール
◇ キーワード

投稿されている写真や動画の多くには、ハッシュタグが付けられています（Sec.09参照）。ハッシュタグを付けることで、写真がより多くの人の目に留まるようになります。

ハッシュタグのルール

ハッシュタグを作成する際、「#」とキーワードの間にスペースがあると、ハッシュタグとして認識されません。そのほかにも、**ハッシュタグにはさまざまなルール**があります。以下にはハッシュタグとして認識されない例を挙げています。

● #が全角になっている

＃紅茶とケーキ

● !が含まれる

#紅茶とケーキ!

● スペースが含まれる

#紅茶 ケーキ

● ハイフンが含まれる

#Tea-Cake

● &が含まれる

#紅茶&ケーキ

● 句読点が含まれる

#紅茶、ケーキ。

1 投稿したい写真をタップします

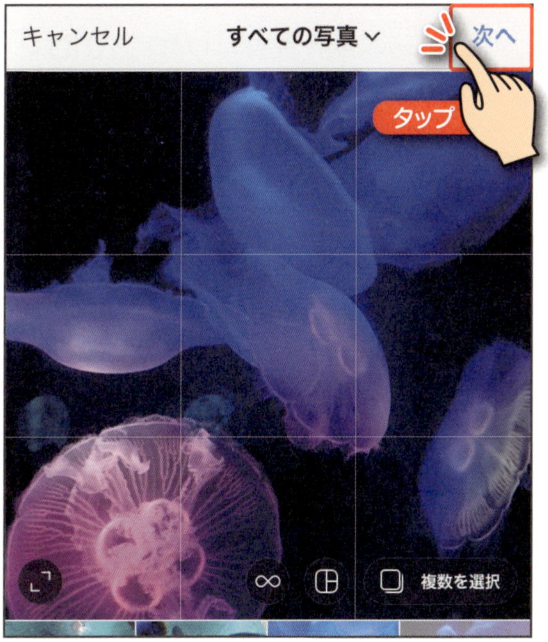

ホーム画面で ⊞ をタップして、投稿したい写真をタップし、調整を行って 次へ をタップします。

2 「次へ」をタップします

P.81～82を参考にフィルターなどで自由に写真を編集し、次へ をタップします。

次へ

3 説明文を入力します

キャプションを書く (Androidの場合は キャプションを入力...) を**タップ**し、説明文を**入力**します。

4 ハッシュタグを入力します

「#」を**入力**し、続けてハッシュタグとして利用したいキーワードを**入力**します。

ポイント

1つの投稿につき、ハッシュタグは30個まで入力できます。

5 候補一覧のハッシュタグをタップします

入力したキーワードを含むハッシュタグの候補が一覧で表示されます。
任意のハッシュタグを**タップ**します。

ポイント

候補にないハッシュタグを付けたい場合は、タップせずに手順⑥へ進みます。

6 ハッシュタグとして認識されます

ハッシュタグとして認識されます。
iPhoneの場合は、OKを**タップ**します。

次へ

7 写真を共有します

シェアする（Androidの場合は シェア）をタップします。

8 ハッシュタグをタップします

投稿が完了し、ホーム画面が表示されます。
自分の投稿のハッシュタグをタップします。

ポイント

認識されたハッシュタグは、投稿内容を確認すると（Sec.17参照）、文字が青色に変わっています。文字が黒色のままでリンクになっていない場合は、ハッシュタグに問題があります。

9 検索結果が表示されます

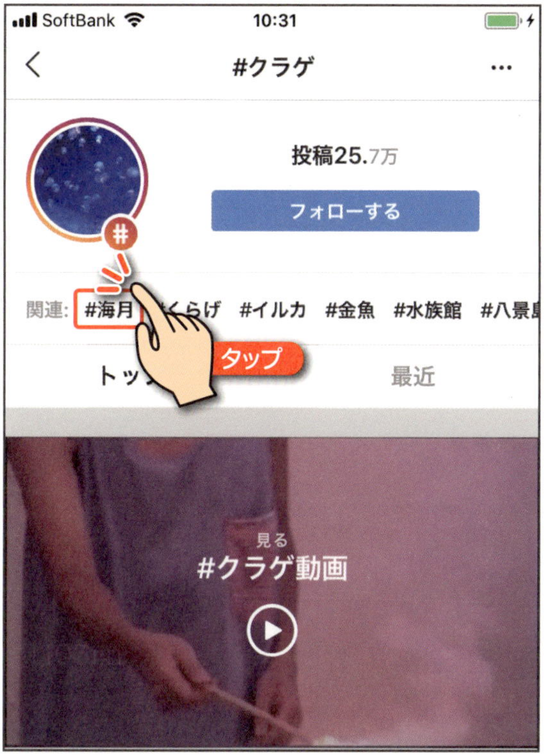

ハッシュタグの検索結果が表示されます。
「関連」に表示されている任意のハッシュタグを**タップ**します。

10 別の検索結果が表示されます

関連するハッシュタグの検索結果が表示されます。

終わり

投稿編

Section 21

位置情報を追加しよう

◇ 位置情報
◇ 現在地や指定場所
◇ タグ付け

写真や動画を投稿する際は、現在地や指定した場所の位置情報を追加することができます。旅行で行った土地やお気に入りの場所の情報を付けて共有しましょう。

位置情報を追加する

投稿に**位置情報**を追加すると、ほかのユーザーにその写真がどこで撮られたものかを知らせることができます。また、投稿に追加された位置情報をタップすることで、同じ場所で撮られた写真を閲覧することができます。

写真を投稿する際、その写真を撮った場所を追加することができます。

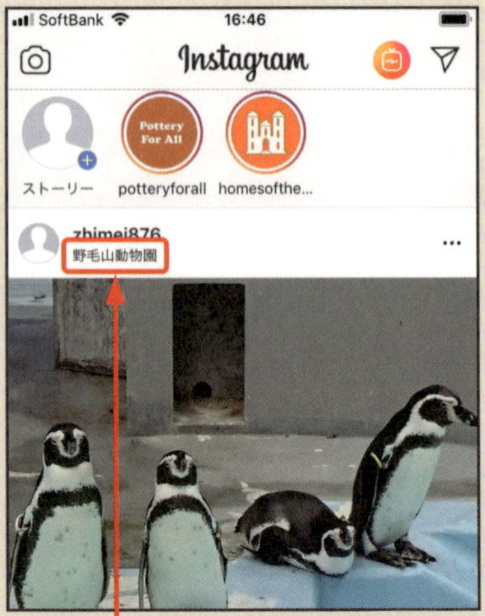

追加された位置情報をタップすると、同じ場所で撮影された投稿を閲覧できます。

1 投稿したい写真をタップします

ホーム画面で ⊞ をタップして、投稿したい写真をタップし、P.72を参考に調整を行って 次へ をタップします。

2 「次へ」をタップします

P.81～82を参考にフィルターなどで自由に写真を編集し、次へ をタップします。

次へ

3 説明文を入力します

キャプションを書く（Androidの場合は キャプションを入力...）を**タップ**して説明文を**入力**します。iPhoneの場合は、OKを**タップ**します。

4 「位置情報を追加」をタップします

位置情報を追加を**タップ**します。

ポイント

位置情報を追加する前に、公開して問題ないか確認しておきましょう。

5 位置情報の利用を許可します

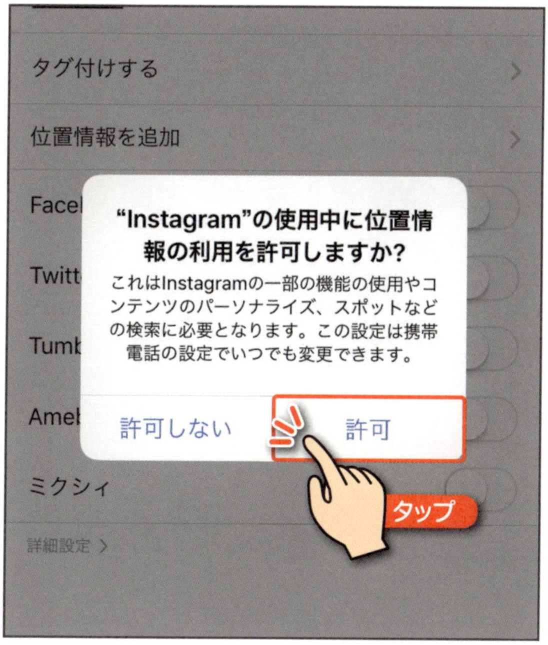

位置情報の利用許可を求められたら、[許可]をタップします。

6 場所の名前を入力します

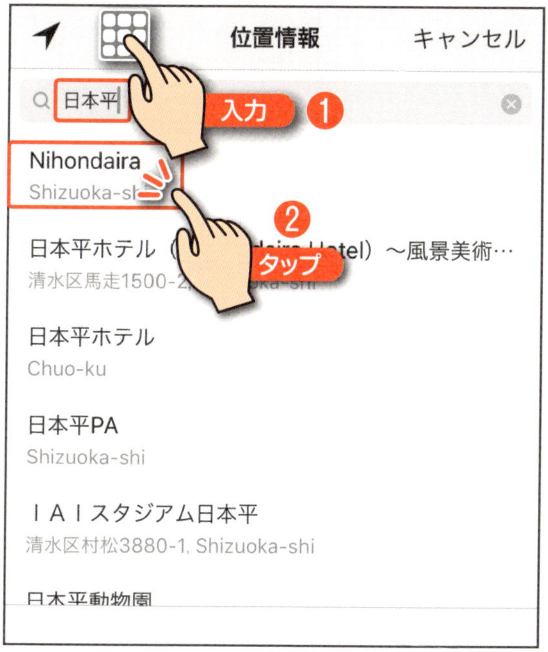

[検索](Androidの場合は[位置情報を検索...])をタップし、撮影場所の名前を入力して、候補一覧から任意の場所をタップします。

次へ

7 写真を共有します

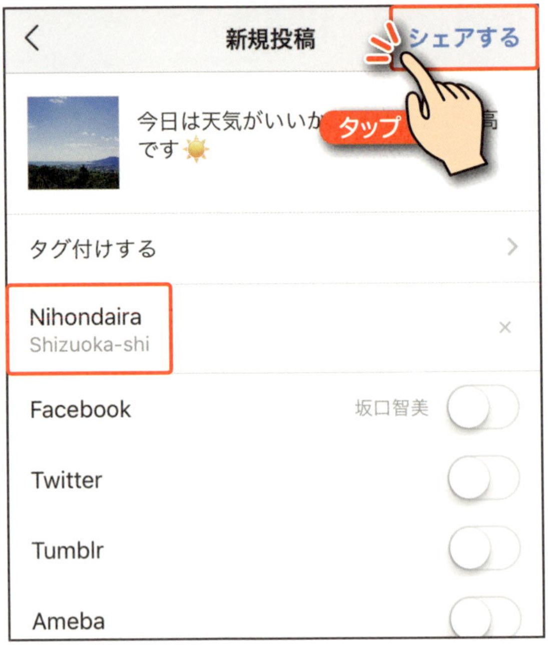

位置情報が追加されました。シェアする（Androidの場合はシェア）を**タップ**して写真を共有します。

ポイント

位置情報を修正したい場合は、右側の×をタップします。

8 写真が投稿されました

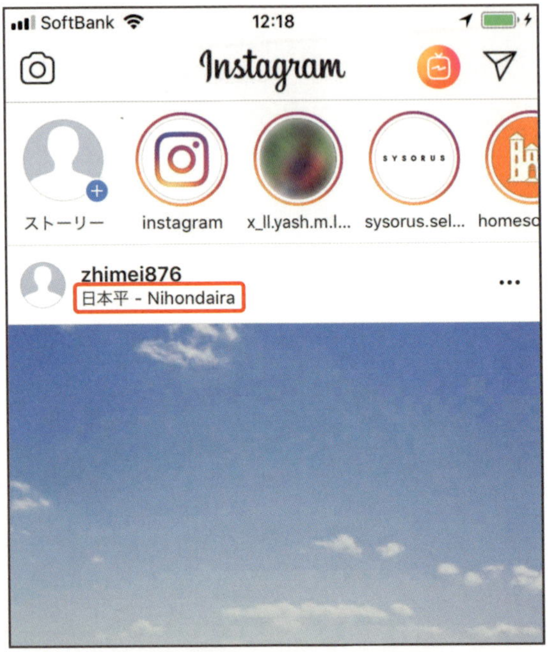

投稿が完了し、ホーム画面が表示されます。
追加した位置情報は、ユーザーネームの下に表示されています。

終わり

コラム 友達をタグ付けする

投稿には、写真の撮影時にいっしょにいた友達の情報も関連付けること（「タグ付け」という）が可能です。投稿に表示されたタグをタップすると、タグ付けされたユーザーのプロフィール画面が表示されます。なお、タグ付けする際は、投稿する前に相手に了解を得るようにしましょう。

1

P.100手順⑦の画面で タグ付けする をタップします。

次の画面で、写真に写っている友達をタップします。

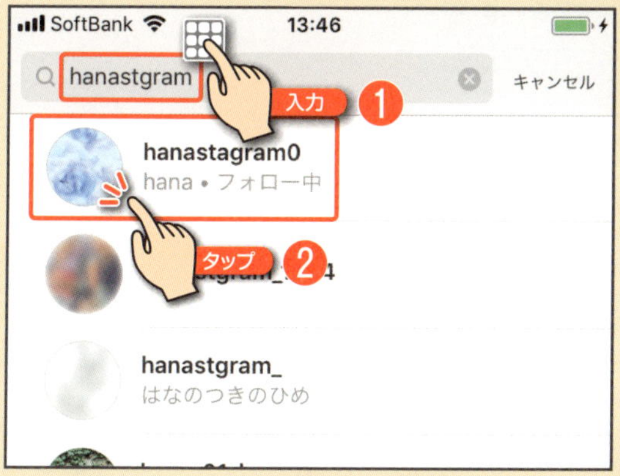

2

ユーザーを検索 をタップして、タグ付けしたいユーザーのユーザーネームを入力し、表示される候補の中から任意のユーザーをタップします。

3

写真にタグ付けされます。

完了 → シェアする の順に（Androidの場合は ✓ → シェア の順に）タップして写真を投稿します。

投稿編

Section 22

投稿を修正しよう

◇投稿の修正
◇位置情報の追加
◇タグの追加

一度投稿した内容は、プロフィール画面の投稿一覧から修正することができます。説明文やハッシュタグの修正はもちろん、現在地やタグの追加も可能です。

投稿を修正する

説明文やハッシュタグを間違えて入力してしまった投稿でも、「編集する」をタップすれば**修正**することができます。また、投稿の削除も同じ画面から操作できます。

投稿済みの内容であっても、プロフィール画面の投稿一覧から修正できます。

説明文の修正、位置情報の追加などができます。写真の変更はできません。

1 修正したい投稿を表示します

Sec.07を参考に、修正したい投稿を表示します。…（Androidの場合は⋮）をタップします。

2 「編集する」をタップします

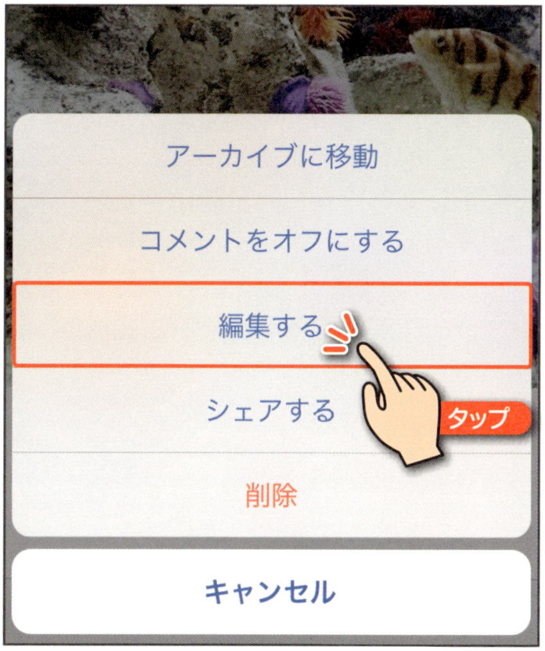

編集する をタップします。

ポイント

削除やコメント機能のオン／オフの切り替えもこの画面から操作できます。

次へ

3 投稿を修正します

修正したい内容を入力し、完了（Androidの場合は✓）をタップします。

ポイント

フィルターの追加や調整は行えないので、その場合は写真を投稿し直しましょう。

4 修正が完了します

修正した内容が反映されます。

ポイント

修正しても投稿した日時は変更されません。

終わり

応用編

インスタグラムを使いこなそう 4

この章でできること

- プロフィールを編集する
- 「いいね!」した投稿を確認する
- フォローとフォロワーを確認する
- お知らせを確認する
- 友達と投稿を共有する

応用編

Section 23

プロフィールを編集しよう

◇ プロフィール写真
◇ ユーザーネーム
◇ 自己紹介

プロフィール画面では、プロフィール写真、名前、ユーザーネーム、自己紹介などを編集することができます。自分のWebサイトがある場合、URLも記載できます。

1 プロフィール画面を表示します

ホーム画面を表示して、をタップします。

2 「プロフィールを編集」をタップします

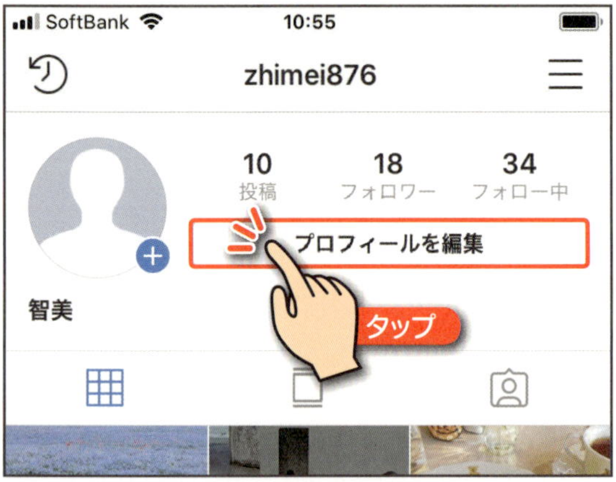

プロフィール画面が表示されたら、

をタップします。

3 プロフィール写真を変更します

プロフィール写真を変更（Androidの場合は写真を変更）をタップします。

4 変更方法を選択します

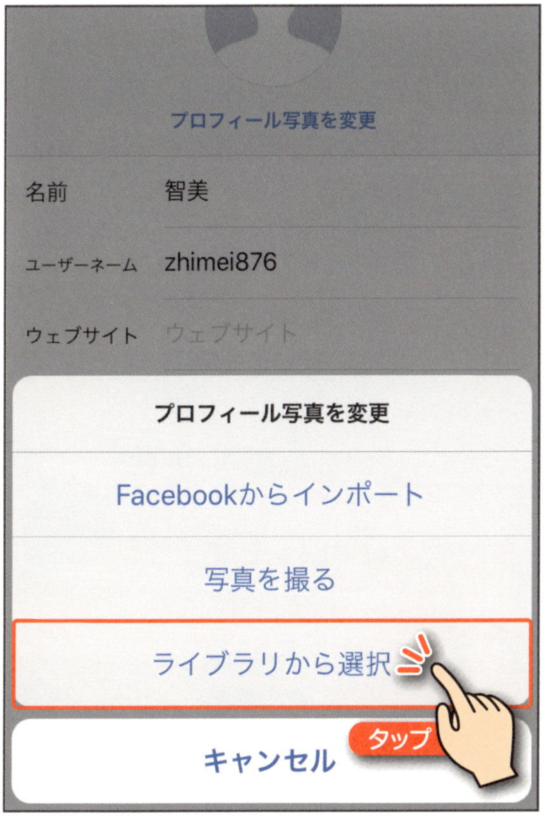

ここでは端末上に保存されている写真を使うので、ライブラリから選択（Androidの場合は新しいプロフィール写真）をタップします。

ポイント

Androidの場合、「新しいプロフィール写真」「Facebookからインポート」「Twitterからインポート」と表示されます。

次へ

5 登録したい写真をタップします

端末上に保存されているデータが一覧で表示されるので、プロフィール写真に登録したい写真を**タップ**します。

6 写真を調整します

ピンチアウトや**ドラッグ**で調整したら、完了（Androidの場合は次へ→次へ）を**タップ**します。

ポイント

Androidの場合はフィルターを追加することができます。

7 名前やユーザーネームを編集します

P.107手順③の画面に戻り、「名前」や「ユーザーネーム」を**タップ**し、変更したい内容を**入力**します。

ポイント

「ユーザーネーム」で使えるのは半角英数字のみです。

8 「自己紹介」をタップします

「名前」と「ユーザーネーム」を編集したら、自己紹介 を**タップ**します。

ポイント

「ウェブサイト」は手順⑦と同様の操作で設定できます。

次へ

9 自己紹介を入力します

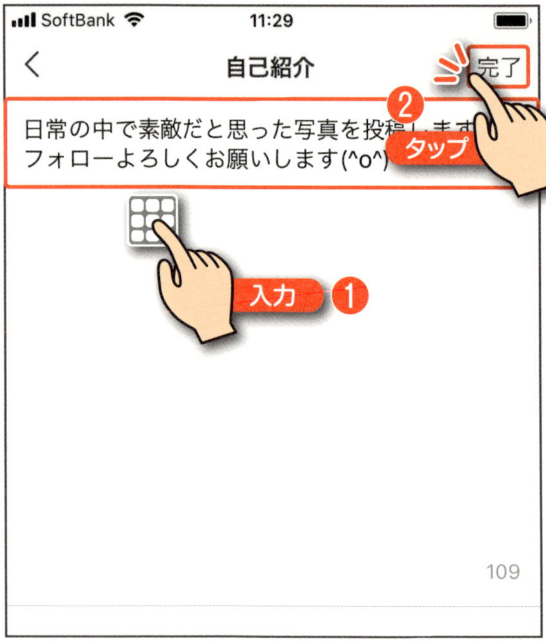

自己紹介の内容を**入力**し、完了（Androidの場合は✓）を**タップ**します。

ポイント

入力した内容は、プロフィール画面の名前の下に表示されます。なお、最大で150文字まで入力できます。

10 編集を完了します

編集内容を確認したら、完了（Androidの場合は✓）を**タップ**します。

11 編集内容が反映されます

プロフィール画面に編集内容が反映されます。

終わり

コラム ユーザーネームを変更できないときは?

ユーザーネームが変更できない場合、入力したユーザーネームがすでにほかのユーザーに使用されている可能性があります。別の文字列にしたり、数字を追加してみたりしましょう。

ユーザーネームが使用できないときは、プロフィールの変更を完了させることができません。

「いいね!」した投稿を確認しよう

◆ いいね!した投稿
◆ まとめて確認
◆ プロフィール画面

「いいね!」した投稿は、「いいね!」画面でまとめて確認できます。iPhoneの場合のみ、表示形式をサムネイル形式からタイムライン形式に切り替えられます。

1 プロフィール画面を開きます

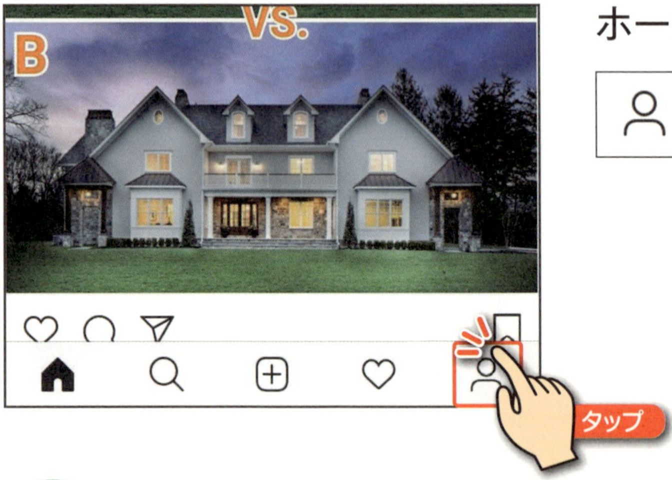

ホーム画面を表示して、[人のアイコン]をタップします。

2 「設定」のアイコンをタップします

プロフィール画面が表示されたら、[≡]をタップし、[設定]をタップします。

3 「いいね!」画面を開きます

「オプション」画面（Androidの場合は「設定」画面）が表示されたら、「いいね！」した投稿をタップします。

4 「いいね!」した投稿が表示されます

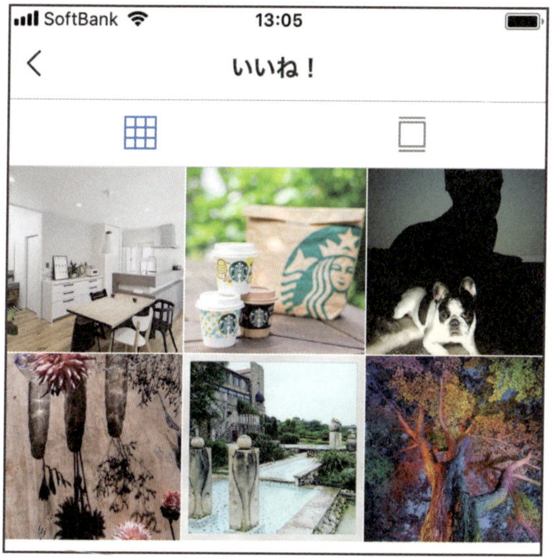

「いいね!」した投稿がサムネイル形式で表示されます。

ポイント

iPhoneの場合は、□をタップすると、タイムライン形式に切り替わります。

終わり

応用編

Section 25

フォローとフォロワーを確認しよう

- フォロー
- フォロワー
- フォローの解除

ここでは、自分が誰をフォローしているのか、誰にフォローされているのかを確認する方法を解説します。時にはフォローまわりを整理してみてもよいでしょう。

フォローとフォロワーとは?

SNSにおいて、「フォロー」や「フォロワー」という言葉がよく使われます。ほかのユーザーの投稿を自分のタイムラインで確認できるようにすることを「フォロー」といい、自分のことを「フォロー」してくれているユーザーのことを「フォロワー」といいます。

●フォロー

フォローしたアカウントの投稿は、自分のタイムラインに表示されます。

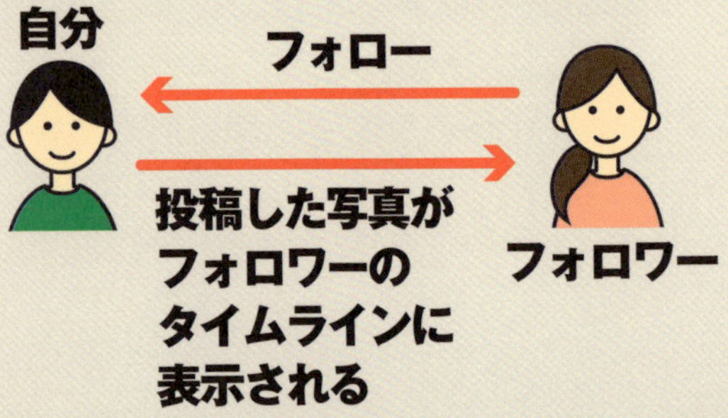

●フォロワー

ほかのユーザーにフォローされると、自分の投稿がフォロワーのタイムラインに表示されます。

1 プロフィール画面を開きます

ホーム画面を表示して、［プロフィールのアイコン］をタップします。

2 フォローを確認します

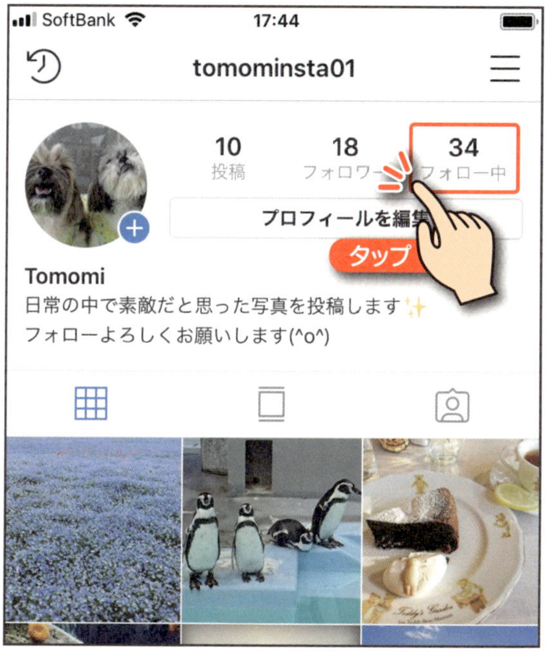

プロフィール画面が表示されたら、［フォロー中］の数字をタップします。

次へ

3 「フォロー中」画面が表示されます

自分が現在フォローしているユーザーが表示されます。おすすめのユーザーが表示される場合もあります。〈（Androidの場合は←）を**タップ**します。

4 フォロワーを確認します

P.115手順②に画面に戻ります。フォロワーの数字を**タップ**します。

5 「フォロワー」画面が表示されます

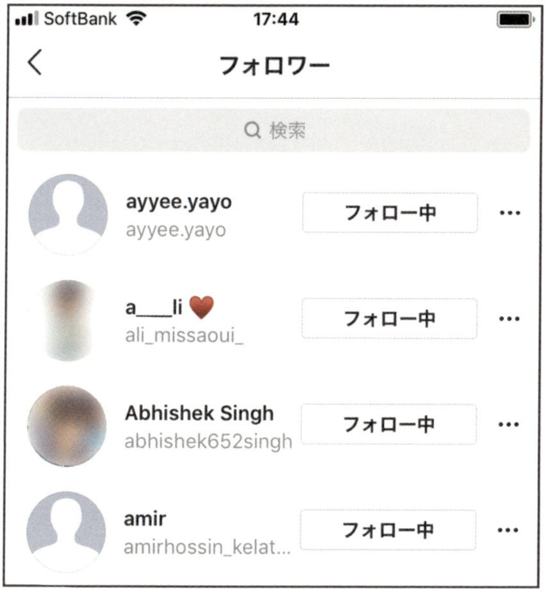

自分を現在フォローしてくれているユーザーが表示されます。おすすめのユーザーが表示される場合もあります。

終わり

コラム フォローを解除するには?

フォローを解除したいユーザーがいる場合は、P.116手順③の「フォロー中」画面から操作します。フォローを解除したいユーザーの「フォロー中」をタップします。なお、フォローを解除しても相手に通知されることはありません。

1

フォローを解除したいユーザーの フォロー中 (Androidの場合は フォロー中 → フォローをやめる)をタップします。

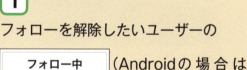

Section 26

お知らせを確認しよう

- お知らせの確認
- あなたタブ
- フォロー中タブ

インスタグラムからのお知らせでは、自分の投稿に付いた「いいね!」やコメントの通知、自分がフォローしているユーザーの動向を確認することができます。

お知らせを確認する

お知らせを通知する画面では、自分に関する通知が表示される「**あなた**」タブと、自分がフォローしているユーザーに関する通知が表示される「**フォロー中**」タブに分かれています。

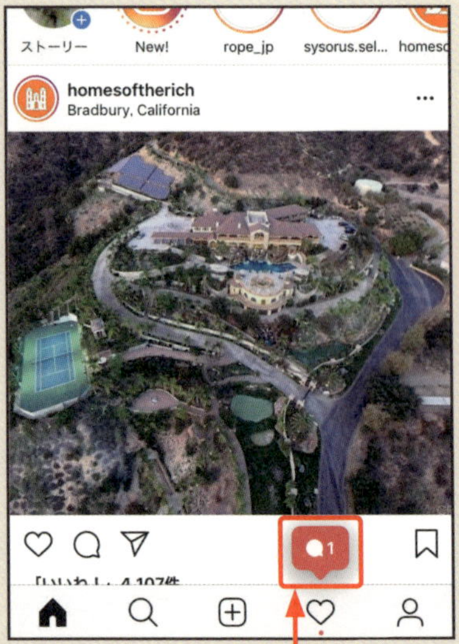

お知らせがある場合、画面下部のメニューに通知アイコンが表示されます。

「あなた」タブと「フォロー中」タブでお知らせの内容が分かれています。

1 お知らせ画面を表示します

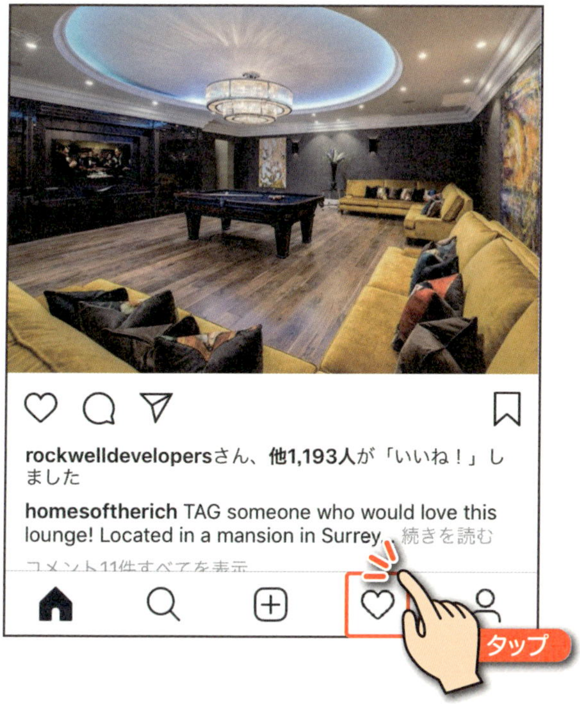

♡をタップします。

2 「あなた」タブの画面が表示されます

「あなた」タブの画面が表示されます。
「いいね！」やコメントが付いた投稿を確認するには、投稿のサムネイルをタップします。

次へ

3 投稿が表示されます

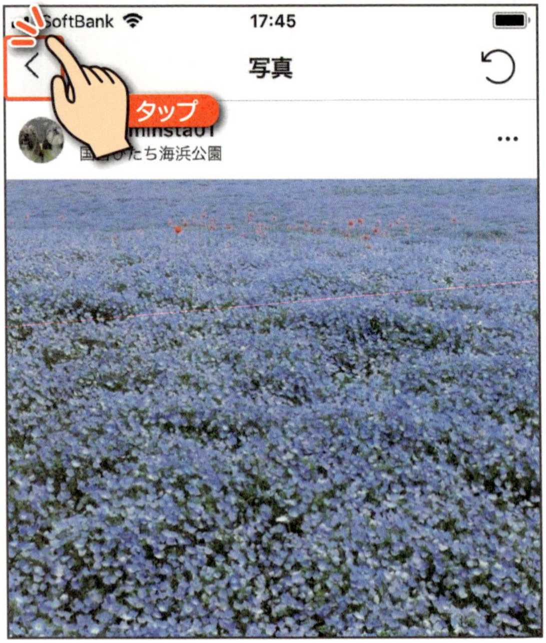

投稿が表示されました。
＜（Androidの場合は←）をタップします。

4 「フォロー中」タブをタップします

P.119手順②の画面に戻ります。
フォロー中をタップします。

ポイント

左右にフリックすることでも「あなた」タブと「フォロー中」タブを切り替えることができます。

5 「フォロー中」タブの画面が表示されます

「フォロー中」タブの画面が表示されます。自分がフォローしているユーザーの付けた「いいね!」やコメントを確認できます。

終わり

コラム お知らせからユーザーをフォローする

「あなた」タブには、自分をフォローしてくれたユーザーも表示されます。「○○さんがあなたをフォローしました。」というお知らせの右に表示されている「フォローする」をタップすると、そのユーザーとお互いにフォローしあうことができます。この操作は「フォローバック」といいます。

1

フォローする をタップすることで、お知らせからもユーザーをフォローできます。

応用編

Section 27

投稿を友達と共有しよう

- 投稿の共有
- 投稿の閲覧
- メール

インスタグラムに投稿した写真は、インスタグラムに登録していない友達とも共有することができます。お気に入りの投稿を友達と共有しましょう。

投稿を共有する

友達に自分の投稿を見てほしいときは、**メールなどで投稿を共有**することができます。友達がインスタグラムに登録していなくても、SafariやGoogle Chromeなどのブラウザアプリを利用して閲覧できます。

自分のインスタグラムの投稿をメールで友達と共有することができます。

インスタグラムを利用していない友達も投稿を閲覧することができます。

1 プロフィール画面を開きます

ホーム画面を表示して、

［プロフィールアイコン］をタップします。

2 共有したい投稿をタップします

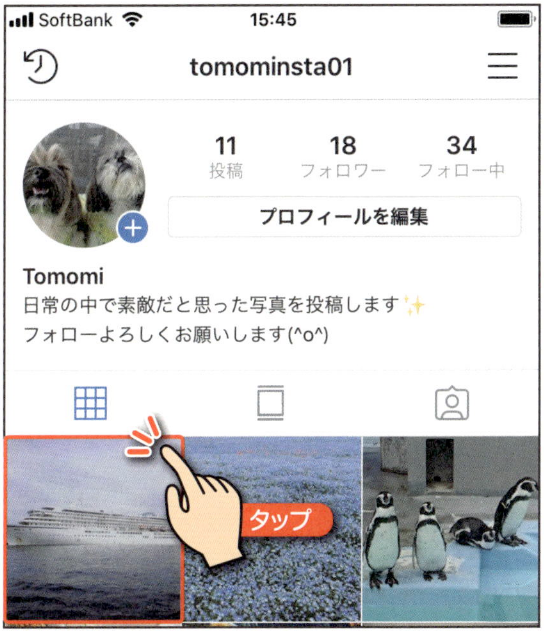

投稿した写真のサムネイルが表示されます。
友達と共有したい投稿をタップします。

次へ

3 メニューアイコンをタップします

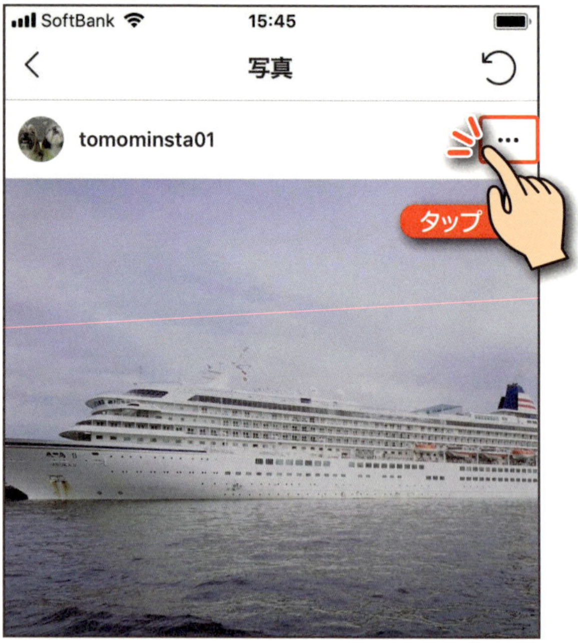

投稿の右上にある […]（Androidの場合は [⋮]）をタップします。

4 共有を選択します

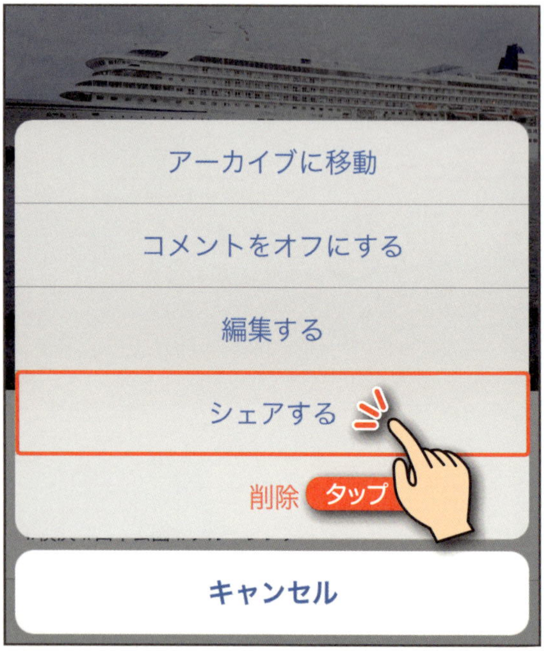

[シェアする]（Androidの場合は [シェア]）をタップします。

ポイント

P.125手順⑤に進む前に、スマートフォンのメールアプリの初期設定が完了しているか確認しておきましょう。

5 メールを選択します

iPhoneの場合は、メール をタップします。
Androidの場合は、他のアプリでリンクをシェア をタップし、メールアプリを選択します。

6 メールアプリが起動します

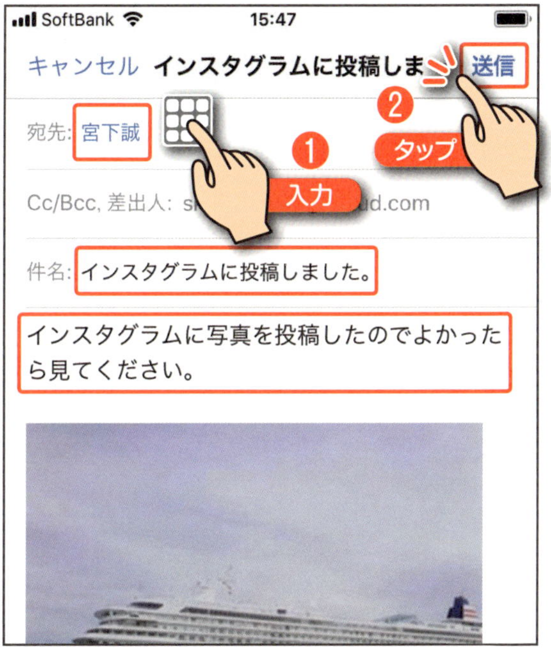

メールアプリが起動し、自動的にリンクなどが本文に添付されます。

宛先、件名、本文など、必要な項目を入力して 送信 をタップします。

次へ

7 友達にメールが届きます

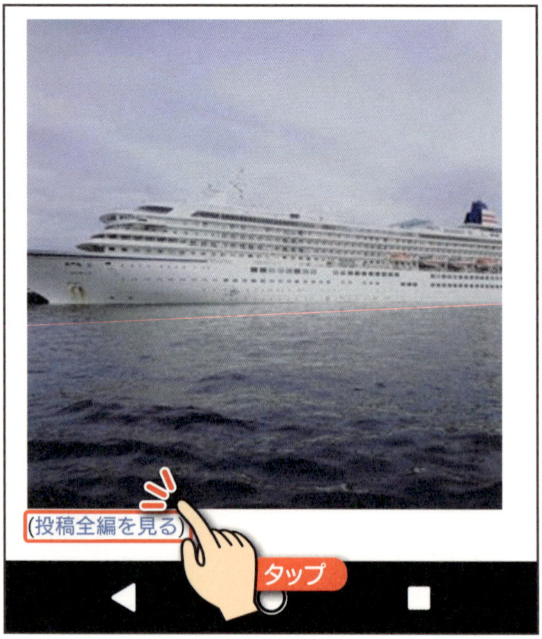

友達にメール本文中に表示されているリンクを**タップ**してもらいます。

ポイント

Androidスマートフォンのメールアプリで送信すると、写真が表示されない場合もあります。

8 投稿が表示されます

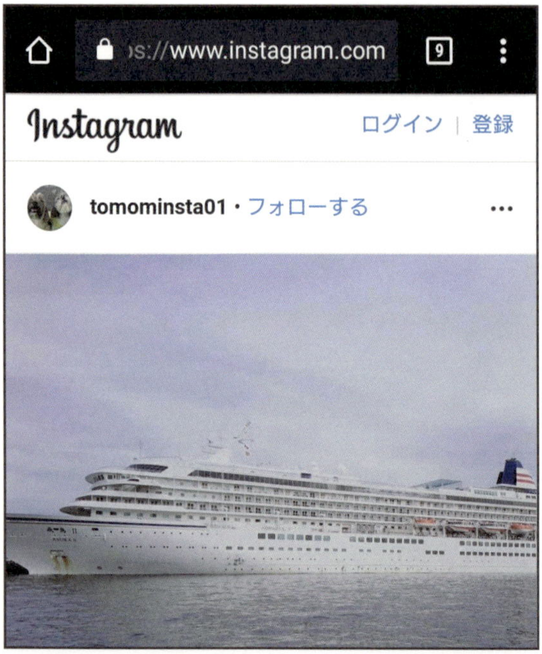

投稿が表示されます。

ポイント

インスタグラムに登録していない場合でも、パソコンやスマートフォンのブラウザアプリから投稿を見ることができます。

終わり

Q&A編

困ったときのQ&A

5

この章でできること

- 広告を非表示にする
- 通知設定を変更する
- デジカメの写真を投稿する
- 特定のユーザーをブロックする
- アカウントを非公開にする
- インスタグラムを退会する

Q&A編

Section 28

ほかの人に写真を見てもらえないのはなぜ?

◇ハッシュタグ
◇いいね!
◇フォロー

写真を何件投稿しても「いいね!」をもらえなかったり、フォロワーが増えなかったりする場合は、ここで紹介する3つのことを意識してみましょう。

写真を見てもらえない理由は?

いくら写真を投稿しても、**ハッシュタグ**を使っていなかったり**フォロワー**が少なかったりすれば、ほかのユーザーの目に留まる機会がありません。次の3つのことを意識すれば、**より多くのユーザーに投稿を見てもらえるようになります**。

①ハッシュタグを使う

ハッシュタグがない投稿はほかのユーザーが検索することができず、現時点でのフォロワーにしか写真を見てもらえません。ハッシュタグを付けて、検索してもらえる機会を増やしましょう。

②ほかのユーザーの投稿に「いいね!」をする

ほかのユーザーの投稿に「いいね!」することで、そのユーザーが「いいね!」を返しに来てくれることがあります。趣味の合うユーザーであれば、フォローもしてくれるかもしれません。

③フォローする人を増やす

インスタグラムで多くの人とつながるには、フォローする人を増やすことが鉄則です。フォローを返してくれるユーザーもいるので、少しでも気になる人がいれば積極的にフォローしましょう。

1 ハッシュタグを使う

ハッシュタグを使った投稿は、ほかのユーザーから見つけてもらいやすく、フォローされていない人からも「いいね!」やコメントをもらえることがあります。日本語だけでなく英語のハッシュタグも使えば、より多くのユーザーに見つけてもらえるでしょう。

●ハッシュタグがない投稿

ハッシュタグを付けていないと、ほかのユーザーに検索されにくくなります。ハッシュタグのない投稿を見てくれるのはほぼフォロワーだけでしょう。

●ハッシュタグを付けた投稿

ハッシュタグはほかのユーザーが投稿を探す手段となるので、ハッシュタグをたくさん付けた投稿はフォロワー以外のユーザーにも見てもらいやすくなります。

2 ほかのユーザーの投稿に「いいね!」をする

気に入った投稿を見つけたら、フォローしていない人であっても積極的に「いいね!」を付けてみましょう。中には、自分の投稿に「いいね!」を付けてくれた人がどんな投稿をしているのかを確認するためにプロフィールを見てくれるユーザーや、「いいね!」を返してくれるユーザーもいます。

●投稿に「いいね!」する

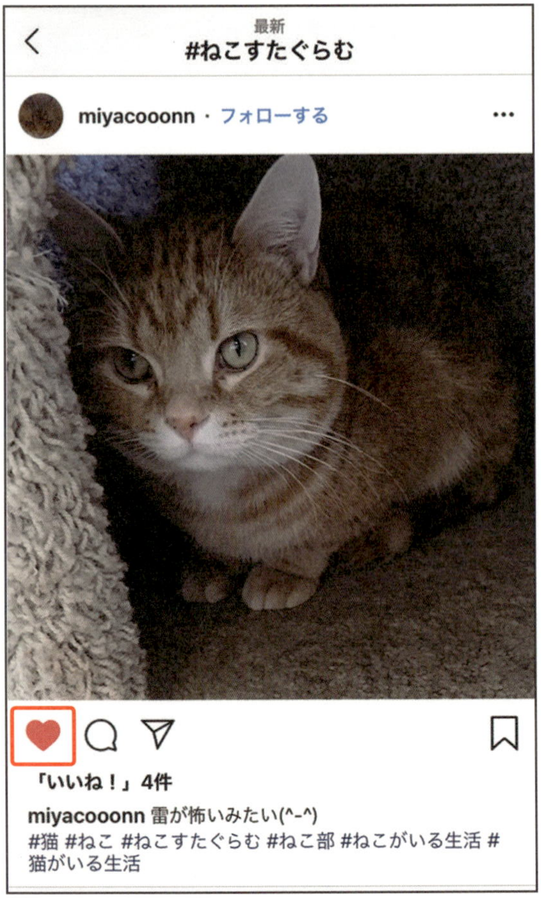

ハッシュタグなどで検索して、気に入った投稿を見つけたら「いいね!」してみましょう。

●「いいね!」を返してもらえる

「いいね!」からプロフィールを見て、投稿に「いいね!」を返してくれるユーザーもいます。

3 フォローする人を増やす

インスタグラムで多くの人に投稿を見てもらうためには、ほかのユーザーとたくさんつながることが大切です。ハッシュタグなどを使って、自分と趣味が合いそうなユーザーや好みの投稿をしているユーザーを検索してフォローしましょう。フォローしたユーザーからフォローが返ってくることもあります。

おすすめからフォローする

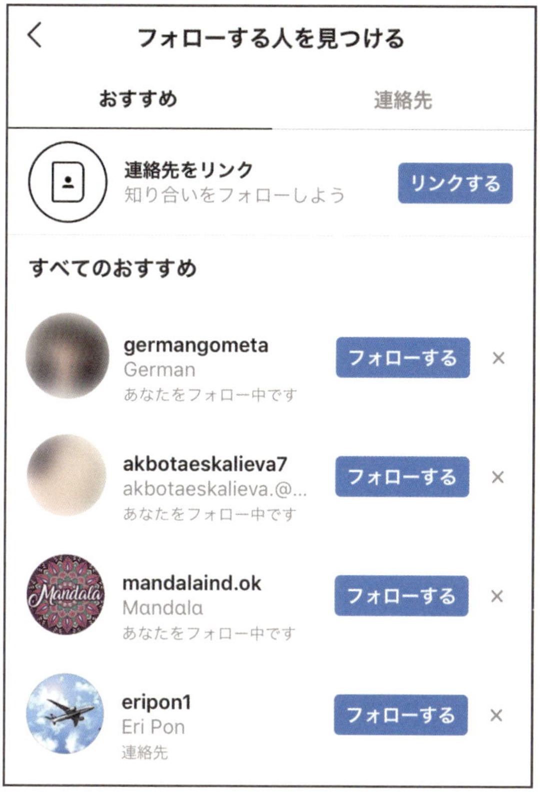

→ → フォローする人を見つける（Androidの場合は、 → → フォローする人を見つけよう）の順にタップすると、インスタグラムからの「おすすめ」のユーザーが表示されます。

投稿を見てフォローする

趣味が合いそうなユーザーや好みの投稿をしているユーザーを見つけたらフォローしてみましょう。

Q&A編

Section 29

広告を非表示にしたい

◇ ビジネスアカウント
◇ 広告の非表示
◇ 広告の報告

自分がフォローしているアカウント以外にも、企業のアカウントによる広告がタイムラインに表示されることがあります。ここでは、広告を非表示にする手順を解説します。

インスタグラムの広告とは?

インスタグラムには、企業が運営する**「ビジネスアカウント」による広告**が表示されます。わずらわしいと感じた場合や興味のない広告であった場合は、**非表示**にすることができます。

ビジネスアカウントによる広告は、ユーザー名の下に「広告」と表示されています。

非表示にしたい理由を送信して、広告を非表示にすることができます。

1 タイムラインを表示します

タイムラインに表示されている広告の ••• （Androidの場合は ⋮ ）をタップします。

2 広告を非表示に設定します

広告を非表示にする （Androidの場合は この広告を非表示にする ）をタップします。

次へ

3 理由をタップします

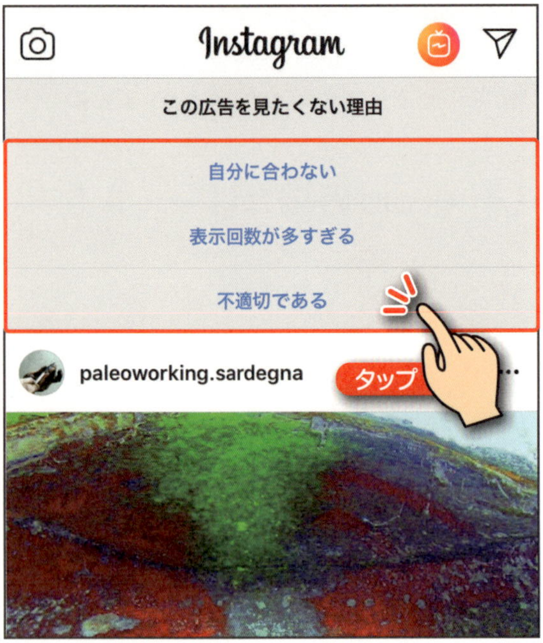

広告を非表示にしたい理由を**タップ**します。

4 インスタグラムに送信されます

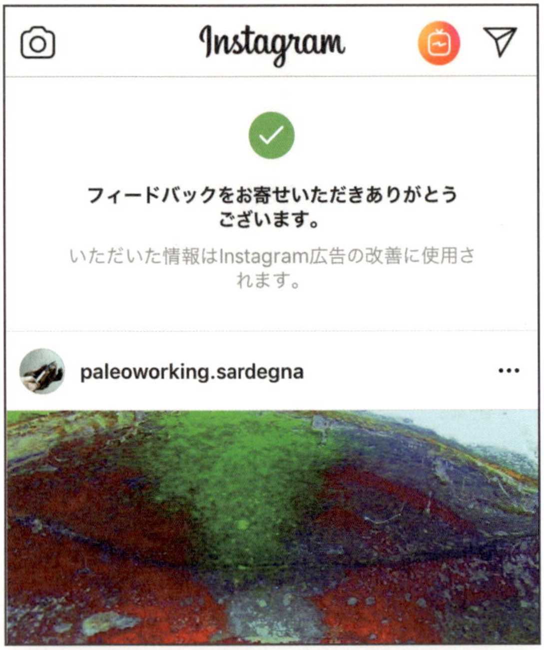

インスタグラムに情報が送信され、今後その広告は表示されにくくなります。

終わり

コラム　悪質な広告は報告できる

インスタグラムの広告は、複数のビジネスアカウントのものが表示されます。中には不快な広告や不適切な広告もあるでしょう。そのような悪質な広告を見つけた際には、インスタグラムに報告することができます。P.133手順②の画面で「広告を報告」をタップしましょう。

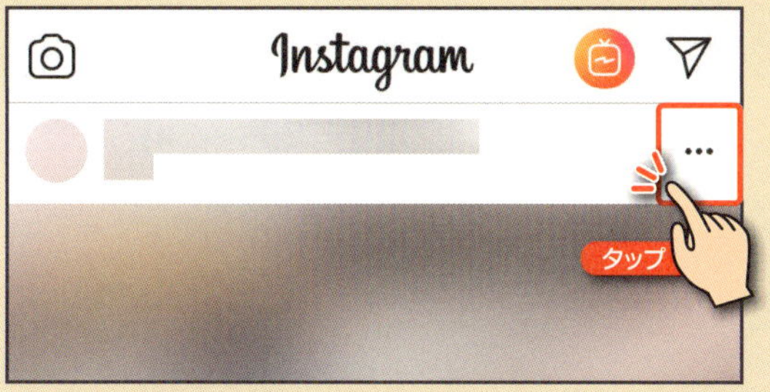

1

報告したい広告の•••（Androidの場合は⋮）を**タップ**します。

2

広告を報告を**タップ**します。

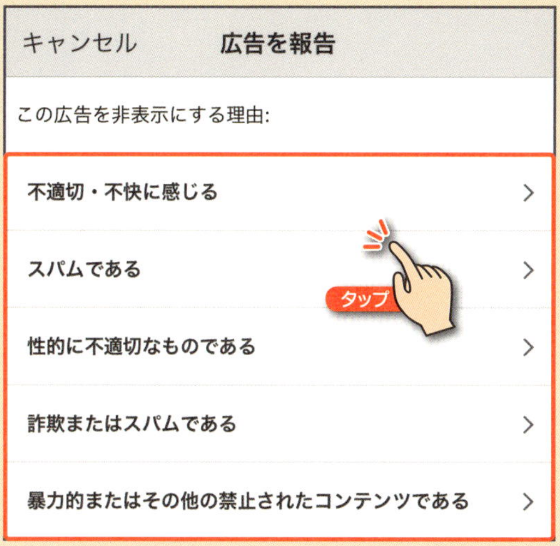

3

広告を非表示にする理由を表示される項目から**タップ**すると、インスタグラムへの報告が完了します。

Q&A編

Section 30

通知設定を変更したい

◇ お知らせ
◇ プッシュ通知
◇ 通知範囲

インスタグラムのアプリでは、初期設定で通知が届くようになっています。通知が不要の場合、各項目から個別で通知内容を変更することができます。

通知設定を変更する

インスタグラムのお知らせには、**プッシュ通知**というものが設定されています。通知の種類は全部で19項目あり、それぞれ**個別に通知範囲を設定**できます。

通知がオンになっている場合、「いいね!」やコメントが付いたときに通知が届きます。

通知が不要であれば、個別に通知をオフにできます。

1 プロフィール画面を開きます

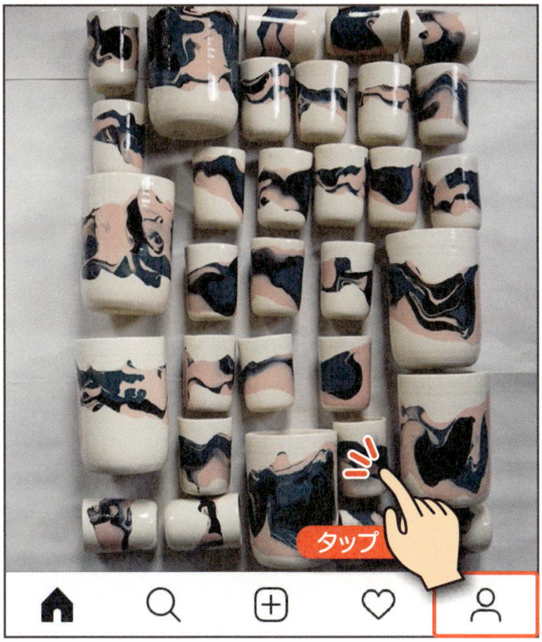

ホーム画面を表示して、
[人物アイコン]をタップします。

2 設定のアイコンをタップします

プロフィール画面が
表示されたら、
[≡]→[設定]を
タップします。

次へ

3 「プッシュ通知」をタップします

「オプション」画面（Androidの場合は「設定」画面）を上方向に**スクロール**し、 プッシュ通知 を**タップ**します。

4 設定画面が表示されます

「お知らせ」画面（Androidの場合は「プッシュ通知」画面）が表示されます。
iPhoneの場合は、この画面でお知らせ受信時のバイブレーションの設定を変更できます。不要であれば（オン）を**タップ**して（オフ）にします。

5 お知らせの内容を変更します

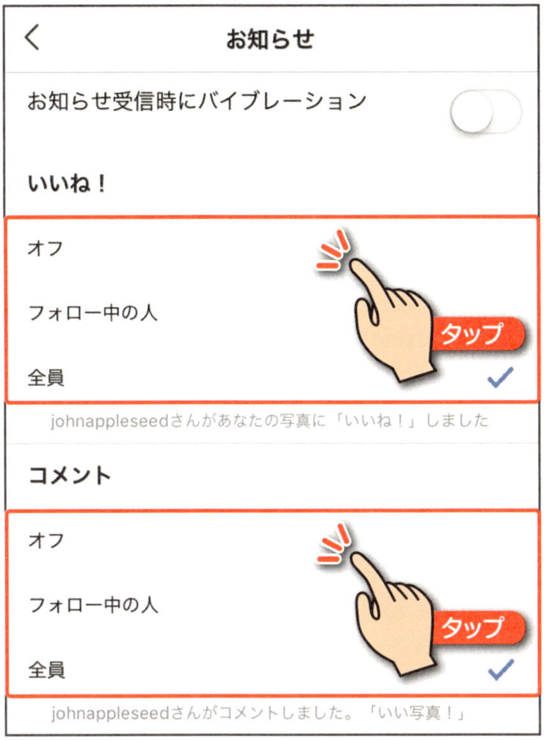

「いいね!」「コメント」「新しいフォロワー」などの項目で任意の通知範囲をタップして選択します。

6 変更を完了します

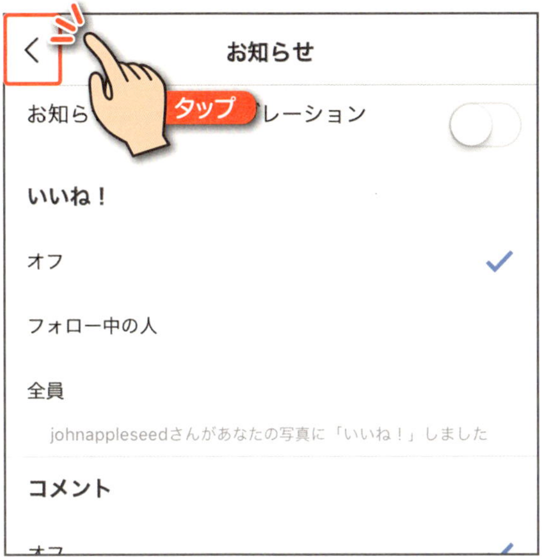

通知の変更が完了したら、＜（Androidの場合は←）をタップして、P.138手順③の画面に戻ります。

終わり

Q&A編

Section 31

デジカメの写真を投稿したい

◇ デジカメ
◇ クラウドストレージ
◇ 写真の転送

デジカメで撮った写真をインスタグラムに投稿したい場合は、まずデジカメの写真をパソコンにコピーして、スマートフォンに転送する必要があります。

デジカメの写真を投稿する

デジカメで撮った写真は、ケーブルやSDカードを使って**パソコンにコピー**しましょう。パソコンからインスタグラムに写真を投稿することはできないため、一度**クラウドストレージサービス**（インターネット上でファイルを共有できるサービスのこと）などを経由して、スマートフォンに転送します。そうすることで、デジカメで撮った写真をスマートフォンから投稿できるようになります。

●デジカメから写真を転送する

●パソコンからスマートフォンに写真を転送する方法

クラウドストレージサービス	メールサービス
・Googleドライブ ・Dropbox ・iCloud などに写真をアップロードし、スマートフォンからダウンロード	・Gmail ・Yahoo!メール ・Outlook.com などで写真を添付し、スマートフォンのメールアドレスに送信

1 デジカメからデータをコピーします

デジカメとパソコンを接続し、インスタグラムに投稿したい写真をパソコンにコピーしたら、クラウドストレージサービスにアップロードします。

2 データをダウンロードして投稿します

クラウドストレージサービスの画面をスマートフォンで表示し、データをダウンロードして、インスタグラムに投稿します。

Q&A編

Section 32

特定のユーザーをブロックしたい

- ◇ 悪質なユーザー
- ◇ ブロック
- ◇ ブロックの解除

「いいね!」やコメントを付けてほしくない、嫌がらせをしてくる、といった特定のユーザーがいたら、ブロック機能を使って相手が自分の投稿を見られないようにしましょう。

ユーザーをブロックする

自分の投稿を見られたくない人や、悪質なユーザーがいるときには、そのユーザーを**ブロック**して、投稿を見られないようにすることができます。ブロックしたユーザーは**リストで確認**でき、あとから**解除**することも可能です。

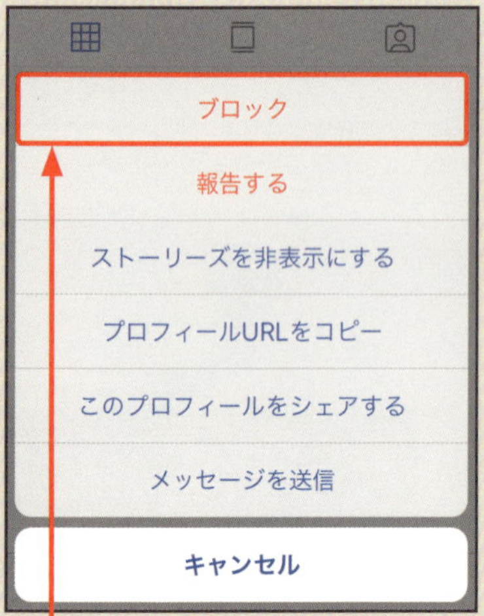

特定のユーザーのブロックは、相手のプロフィール画面からかんたんに行えます。

ブロックを解除すれば、相手は再び自分の投稿を見ることができます。

1 ブロックしたいユーザーを表示します

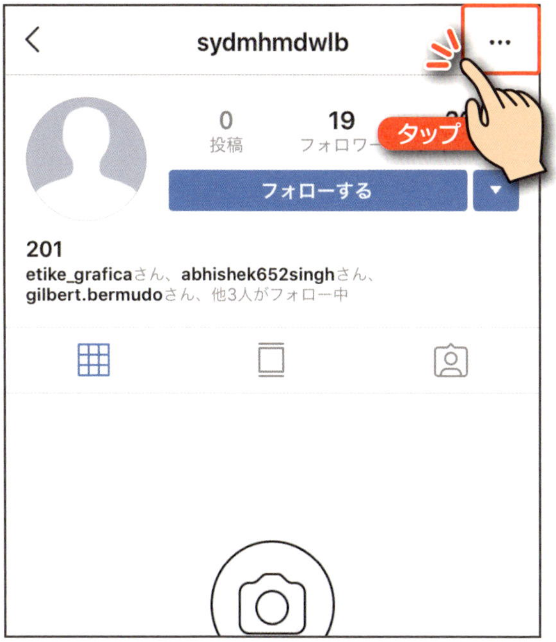

ブロックしたいユーザーのプロフィール画面を表示し、 ••• （Androidの場合は ⋮ ）をタップします。

2 「ブロック」をタップします

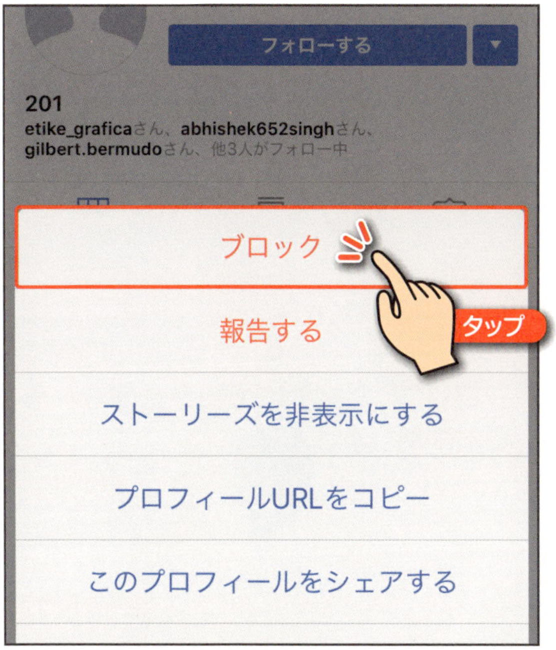

ブロック をタップします。

ポイント

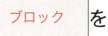

広告の場合と同様に、 報告する をタップすると悪質なユーザーをインスタグラムに報告できます（P.135コラム参照）。

次へ

3 ユーザーをブロックします

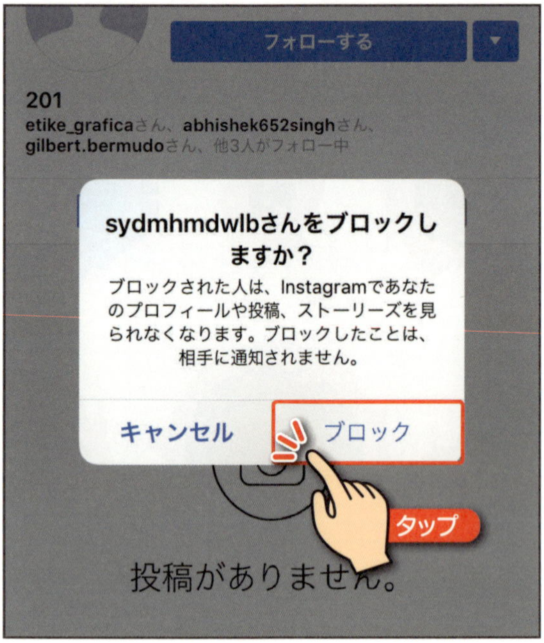

確認画面が表示されるので、ブロック（Androidの場合ははい）をタップします。

4 ブロックが完了します

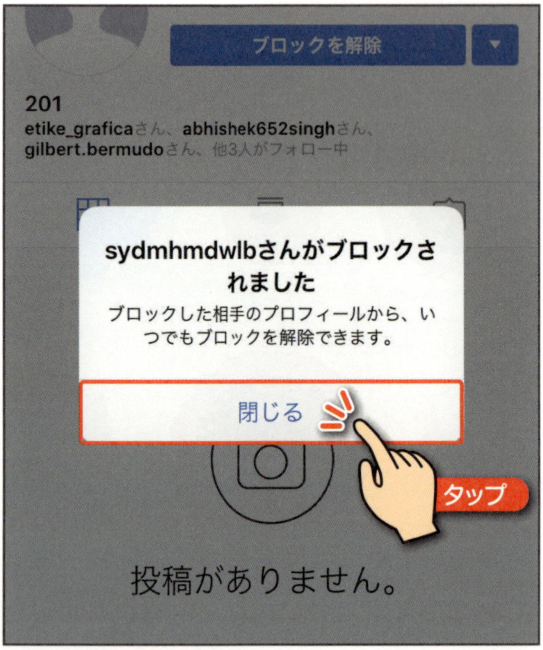

ブロックが完了します。iPhoneでは閉じるをタップします。

ポイント

ブロックした相手に通知が送信されることはありません。

終わり

コラム

ブロックを解除したい

ブロックしたユーザーは、「オプション」画面(Androidの場合は「設定」画面)から確認できます。自分をフォローしているユーザーをブロックした場合、自動的にフォローが外れます。ブロックを解除しても、外れたフォローはもとに戻りません。

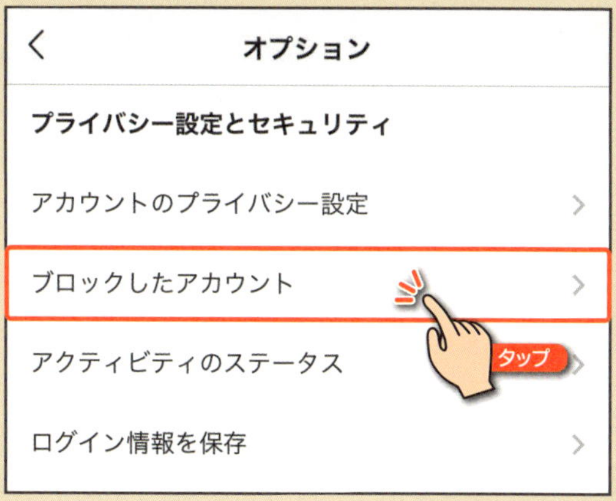

1

P.137を参考に「オプション」画面(Androidの場合は「設定」画面)を表示し、ブロックしたアカウントをタップします。

2

ブロックを解除したいユーザーをタップして、プロフィール画面を表示します。

3

ブロックを解除

(このあとにAndroidでは はい を)タップすると、ブロックが解除されます。iPhoneでは 閉じる をタップします。

Q&A編

Section 33

アカウントを非公開にしたい

- ◇ フォローの承認
- ◇ 非公開アカウント
- ◇ プライバシー設定

自分の投稿を閲覧できる人を制限したい場合は、アカウントを非公開にして、フォローを承認制にすることができます。フォローの承認はお知らせから行えます。

非公開アカウントとは

特定のユーザー以外に自分の投稿を公開したくない場合は、**アカウントを非公開**に設定できます。非公開アカウントにした場合、自分が**承認したユーザー**しか投稿を見ることはできません。

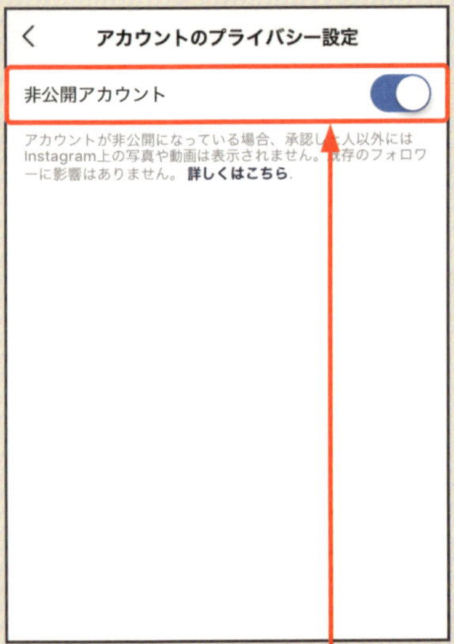

「非公開アカウント」の設定をオンにすると、アカウントが非公開になります。

非公開になったアカウントの投稿は、フォロワー以外からは見られなくなります。

1 プロフィール画面を表示します

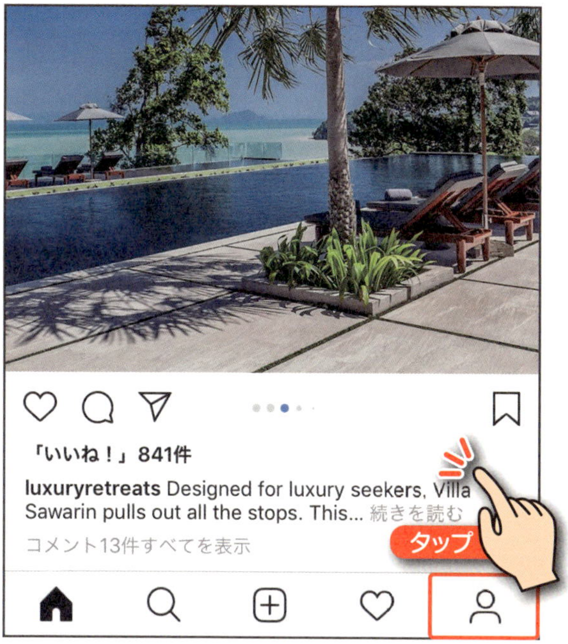

ホーム画面を表示して、[人物アイコン]をタップします。

2 設定のアイコンをタップします

プロフィール画面が表示されたら、[≡]→[設定]をタップします。

次へ

3 「アカウントのプライバシー設定」をタップします

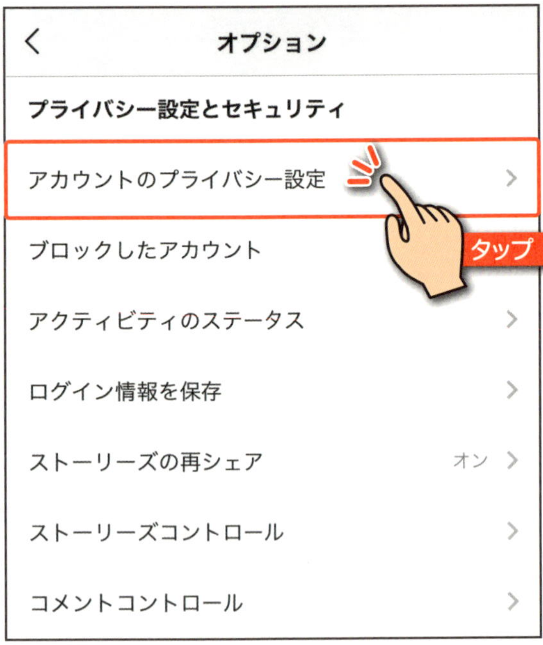

アカウントのプライバシー設定 をタップします。

ポイント

Androidの場合は「非公開アカウント」の をタップすることでもアカウントを非公開にできます。

4 非公開アカウントの設定をオンにします

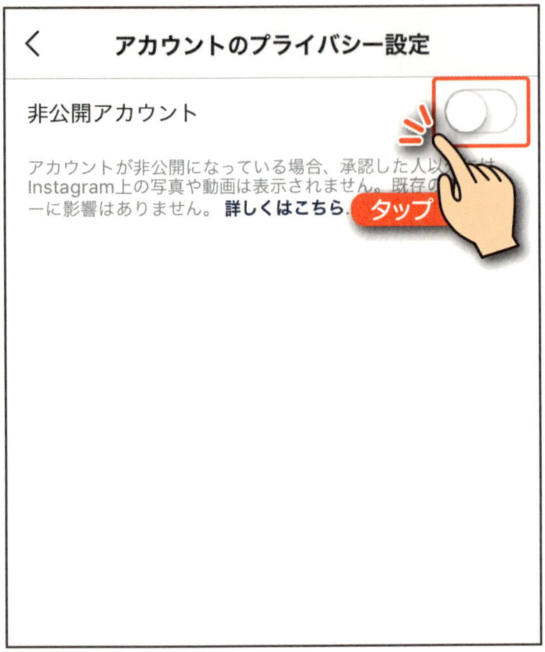

「非公開アカウント」の をタップして にします。
Androidの場合は OK をタップします。

5 アカウントが非公開になります

自分をフォローしていないユーザーから見ると、投稿が非公開になっています。

ポイント

非公開アカウントをフォローしたい場合は、フォローするをタップするとリクエスト済みに表示が変わるので、相手に承認されるまで待ちましょう。

終わり

コラム フォローリクエストを確認する

自分のアカウントを非公開アカウントに設定した場合、ほかのユーザーによるフォローは承認制のような形になります。フォローの要望が来たときにはお知らせの「フォローリクエスト」に表示されるので、定期的にチェックしましょう。

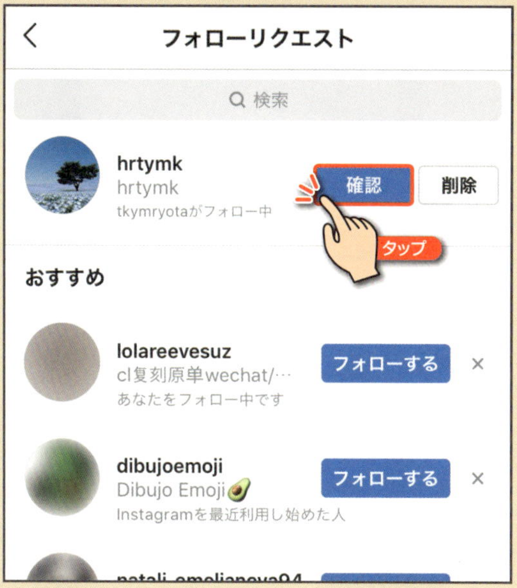

1

フォローの要望が来ている場合、お知らせ画面の「あなた」タブに表示されます。

2

フォローリクエストを**タップ**して確認（Androidの場合は承認する）を**タップ**すると、承認が完了します。

Q&A編

Section 34

パスワードを忘れてしまった

- パスワード
- ログインリンク
- リセット

パスワードを忘れてインスタグラムにログインできなくなったときは、ユーザーネームや電話番号で問い合わせすることで、ログインやパスワードの再設定を行えます。

パスワードを忘れたときは?

パスワードを忘れてしまった場合は、アカウント作成時に登録した電話番号やメールアドレス、ユーザーネームなどを使って問い合わせを行います。iPhoneの場合は**ログインのためのリンク**、Androidの場合は**パスワードを再設定するためのリンク**を受信できます。

iPhoneの場合

iPhoneの場合は、パスワードがなくてもログインできるリンクを受信します。

Androidの場合

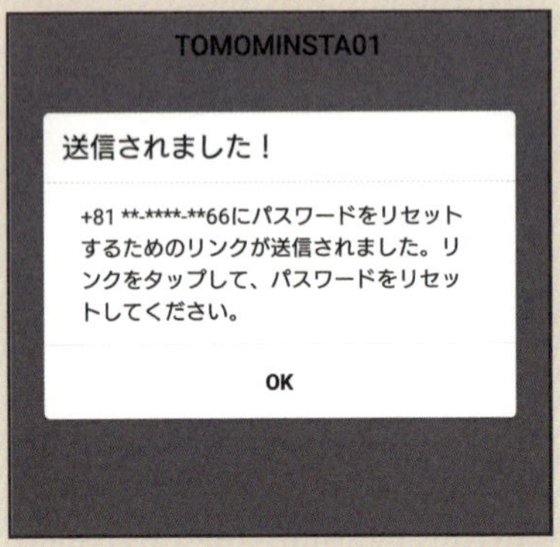

Androidの場合は、新しいパスワードを再設定する必要があります。

1 「ログイン」をタップします

インスタグラムのアプリを起動し、ログインをタップします。

2 問い合わせ画面を表示します

パスワードを忘れた場合（Androidの場合はログインに関するヘルプ）をタップします。

次へ

3 リンクを送信します

ユーザーネーム、メールアドレス、電話番号のいずれかを**入力**し、

ログインリンクを送信

(Androidの場合は

次へ →

SMSを送信)を

タップします。

4 リンクが届きます

アカウントの作成時に登録した連絡先に(P.28手順③参照)、iPhoneの場合はログインリンク、Androidの場合はパスワードを再設定するためのリンクが届きます。

リンクを**タップ**します。

5 アカウントにログインします

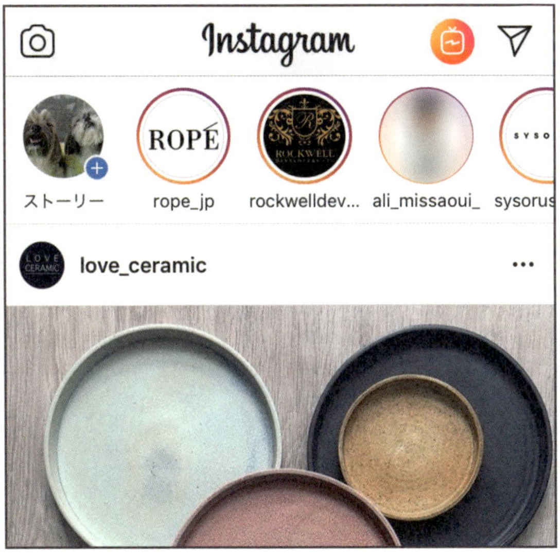

iPhoneの場合はアカウントにそのままログインできます。Androidの場合はパスワードを再設定できます。その後、新しいパスワードでログインできるようになります。

終わり

コラム Androidではパスワードを再設定する

パスワードを忘れてしまったとき、Androidではパスワードの再設定を行う必要があります。P.152手順④で届いたメッセージのリンクをタップすると、パスワードをリセットして再設定することができます。パスワードの再設定が完了したら、P.151手順②の画面に戻ります。その後、新しいパスワードでログインできるようになります。

新しいパスワードを設定し直すと、アカウントにログインできるようになります。

Q&A編

Section 35

インスタグラムをやめたい

◇ アカウントの削除
◇ 専用ページ
◇ 一時停止

インスタグラムをやめたいときは、アカウントを削除します。削除はインスタグラムのアプリ上では行えないので、ブラウザアプリから専用ページにアクセスします。

アカウントを削除するには?

インスタグラムのアカウントを削除するには、スマートフォンまたはパソコンのブラウザアプリから**専用ページ**を表示します。**一度削除したアカウントは復活できない**ため、削除は慎重に行いましょう。なお、一時的にインスタグラムをやめたい場合は、アカウントを**一時停止**することもできます。アカウントの一時停止の操作手順については、P.157で解説しています。

● アカウントの削除と一時停止の違い

	アカウントの削除	アカウントの一時停止
アカウントの復活	不可能	再ログインで可能
投稿内容	残らない	残る
ユーザーネーム	同じものは使えない	同じものが使える

アカウントの削除ではデータが完全に消えてしまいますが、アカウントの一時停止では再びログインすることですべてのデータを復活できます。また、同じユーザーネームを使うこともできます。

1 専用ページを表示します

ブラウザアプリ（SafariやGoogle Chromeなど）から、「アカウントを削除」ページ（https://www.instagram.com/accounts/remove/request/permanent/）を表示し、ログインします。

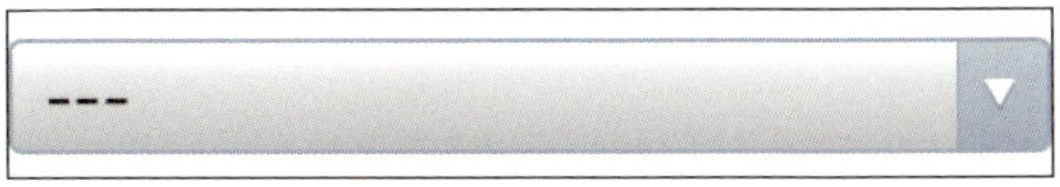

をタップします。

2 削除する理由を選択します

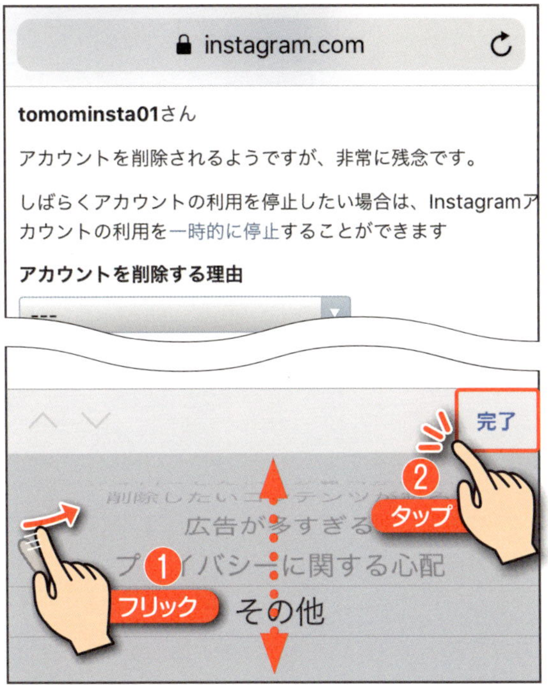

アカウントを削除する理由をフリックして選択します。
iPhoneの場合は、完了をタップします。

次へ

3 パスワードを入力します

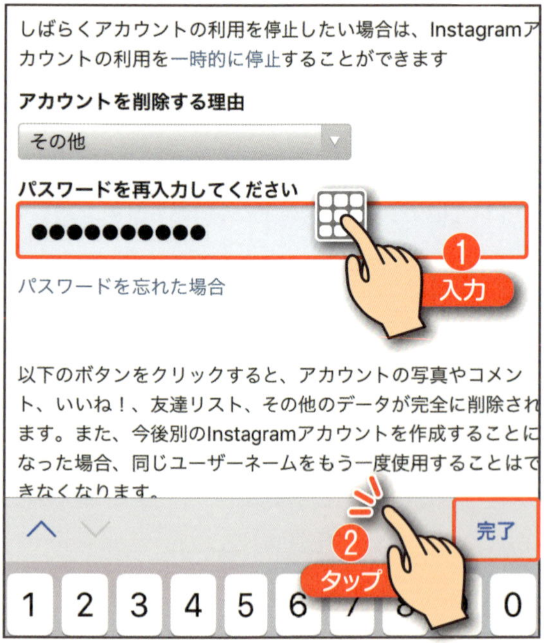

パスワードを入力します。iPhoneの場合は、完了をタップします。

4 「アカウントを完全に削除」をタップします

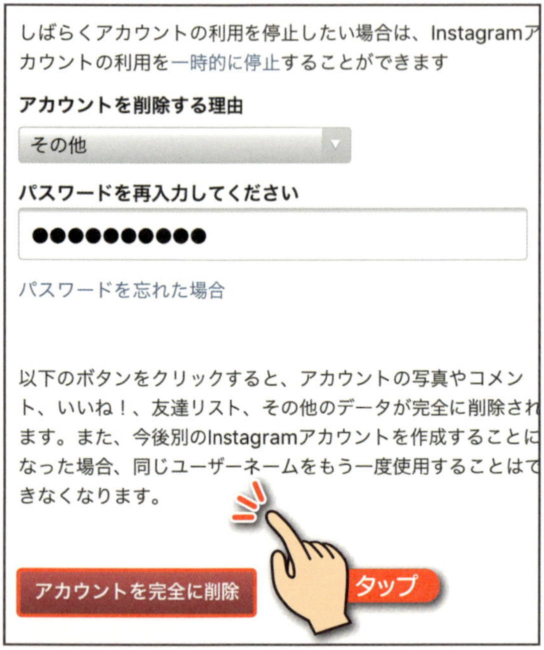

アカウントを完全に削除をタップすると、アカウントが削除されます。

終わり

コラム

アカウントを一時停止する

アカウントを削除した場合、これまでの投稿や登録情報は一切残りません。しかし、一時停止の場合は再度ログインすることで、アカウントを復活させることができます。

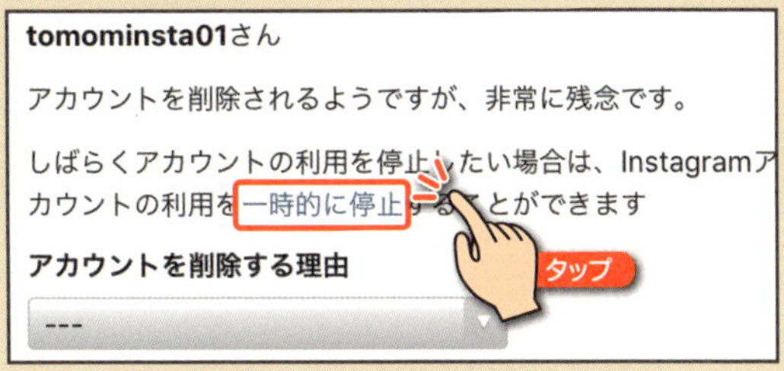

1

P.155手順①の画面で一時的に停止をタップします。

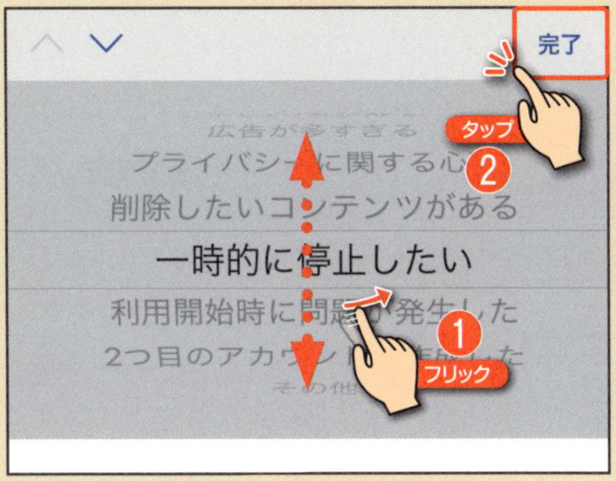

2

「アカウントを停止する理由」の選択をタップし、項目をフリックして選択します。iPhoneの場合は、完了をタップします。

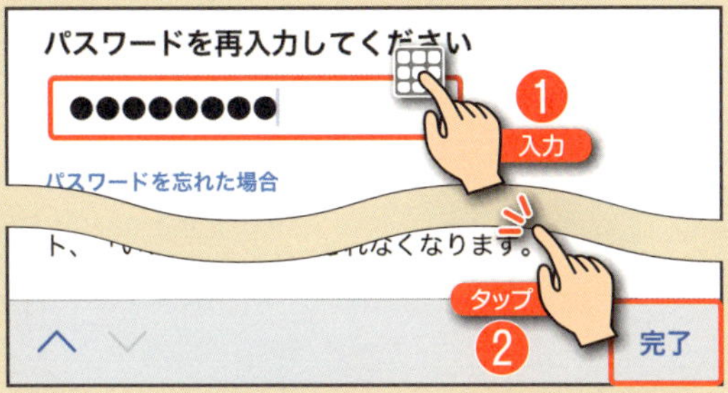

3

パスワードを入力します。iPhoneの場合は、完了をタップします。

4

アカウントの一時的な停止をタップすると、アカウントが一時的に停止されます。

Index

英字

あ行

か行

さ行

著者
リンクアップ

装丁
田邉　恵里香

本文デザイン・本文イラスト・DTP
リンクアップ

カバーイラスト・操作イラスト
イラスト工房（株式会社アット）

編集
早田　治

技術評論社ホームページ
URL　https://book.gihyo.jp/116

今すぐ使えるかんたん　ぜったいデキます!
インスタグラム 超入門

2018年12月4日　初版　第1刷発行

著　者　リンクアップ
発行者　片岡　巌
発行所　株式会社技術評論社
東京都新宿区市谷左内町21-13
電話　03-3513-6150　販売促進部
03-3513-6160　書籍編集部
印刷／製本　大日本印刷株式会社

定価はカバーに表示してあります。

ISBN978-4-297-10120-6 C3055
Printed in Japan

問い合わせについて

本書に関するご質問については、本書に記載されている内容に関するもののみとさせていただきます。本書の内容と関係のないご質問につきましては、一切お答えできませんので、あらかじめご了承ください。また、電話でのご質問は受け付けておりませんので、必ずFAXか書面にて下記までお送りください。
なお、ご質問の際には、必ず以下の項目を明記していただきますよう、お願いいたします。

1　お名前
2　返信先の住所またはFAX番号
3　書名
4　本書の該当ページ
5　ご使用の端末とバージョン
6　ご質問内容

FAX

1　お名前
技術　太郎
2　返信先の住所またはFAX番号
03-XXXX-XXXX
3　書名
今すぐ使えるかんたん
ぜったいデキます！
インスタグラム 超入門
4　本書の該当ページ
87ページ
5　ご使用の端末とバージョン
iPhone 8　iOS 12.0.1
6　ご質問内容
手順⑤の画面が表示されない

問い合わせ先

〒162-0846 新宿区市谷左内町21-13
株式会社技術評論社 書籍編集部

「今すぐ使えるかんたん　ぜったいデキます!
インスタグラム 超入門」質問係
FAX.03-3513-6167

なお、ご質問の際に記載いただいた個人情報は、ご質問の返答以外の目的には使用いたしません。また、ご質問の返答後は速やかに破棄させていただきます。